食 品 安 全 160 问

——常用食品的选购与食用

主编 张庭维

编委 张献光　蒋　洋　梁明侠

　　　　孔范君　杨红戈　赵爱艳

　　　　黄志平　王志红　苏小军

　　　　王　圣　吕一匡　李　倩

U0335991

金盾出版社

这是一本专门介绍食品安全小常识的大众科普读物。书中针对当前食品销售中普遍存在的种种安全隐患，以及广大群众最为关注的一些饮食安全问题，采用问答的形式，简明扼要地讲授了人们日常生活中各种常用食品的鉴别选购方法、食用注意事项及相关基本知识。本书内容丰富，科学实用，面向百姓，紧贴生活，可操作性强，是安全饮食的好顾问，家庭必备的参考书。

图书在版编目(CIP)数据

食品安全 160 问：常用食品的选购与食用/张庭维主编 . — 北京 ：金盾出版社，2014.6

ISBN 978-7-5082-9380-6

Ⅰ.①食… Ⅱ.①张… Ⅲ.①食品安全—问题解答 Ⅳ.① TS201.6-44

中国版本图书馆 CIP 数据核字(2014)第 075183 号

金盾出版社出版、总发行

北京太平路 5 号(地铁万寿路站往南)

邮政编码：100036 电话：68214039 83219215

传真：68276683 网址：www. jdcbs. cn

封面印刷：北京精美彩色印刷有限公司

正文印刷：北京万博诚印刷有限公司

装订：北京万博诚印刷有限公司

各地新华书店经销

开本：850×1168 1/32 印张：5.25 字数：100 千字

2014 年 6 月第 1 版第 1 次印刷

印数：1～5 000 册 定价：12.00 元

(凡购买金盾出版社的图书，如有缺页、
倒页、脱页者，本社发行部负责调换)

前　言

　　2011 年 4 月 15 日，湖北省宜昌市工商部门在一个蔬菜市场查获一批硫磺熏制过的"问题生姜"，共约 1 000 公斤。据介绍，一些商贩把品相不好的生姜用水浸泡清洗，然后用化工原料硫磺进行烟熏。与普通生姜相比，"硫磺姜"看上去又黄又亮，显得很鲜嫩，市场上可以卖出好价，但是化工原料硫磺对人体健康有害。

　　类似这样的食品安全事件，对老百姓的健康造成了极大的影响，使得这一问题成为全世界、全社会关注的焦点。近十多年来，英国爆发的疯牛病、比利时等国的二噁英污染、欧洲爆发的口蹄疫，我国台湾地区的"塑化剂"和国内发生的"三聚氰胺"等事件，都无不与食品安全问题密切相关！尤其是"地沟油"、"毒大米"、"毒奶粉"等事件的频发，更是让消费者陷入了极度的不安。

　　民以食为天，食以安全为先。食品安全直接关系广大人民群众的身体健康和生命安全，影响国民经济的发展和社会稳定。食品安全，关系到国计民生，责任重于泰山。食品安全是国家公共安全的重要组成部分，开展食品安全宣传教育活动，普及食品安全知识，增强全民食品安全意识，是食品安全工作的一项重要任务，也是建设我国食品安全保障体系重要的基础性工作。

党中央、国务院对食品安全宣传和知识普及工作高度重视，国务院食安办印发了《食品安全宣传教育工作纲要（2011—2015 年)》，要求各有关方面广泛普及食品安全方面的法律法规常识和相关科学知识，食品安全宣传要进农村、进社区、进企业、进学校，提高社会公众的食品安全意识和预防应对风险的能力，强化食品生产经营者诚信守法经营的责任和意识，提高食品安全监管人员的执法能力，营造人人关心、人人维护食品安全的良好氛围。

但是，要想在短时间内彻底解决食品安全问题，实现食品安全的"零风险"，是不太现实的事情。对于广大普通消费者而言，除了寄希望并大力配合政府监管部门加大对食品违法犯罪活动的打击力度外，更重要的是，努力增强自我保护意识，切实掌握食品安全的基本知识，提升对食品安全的辨识能力，避免食品二次污染，这也是提高全社会的食品安全意识和降低食品安全风险、保证饮食卫生的重要途径。

为此，我们特地组织专家编写了这本《食品安全 160 问》，力图通过深入浅出的讲解和一问一答的形式，传授食品安全基本知识，维护消费者的合法权益，尽量避免上当受骗。

在本书编写过程中，我们参考了大量的资料，并吸收了众多专家的意见和建议，在此表示衷心的感谢！由于水平有限，书中难免有各种错误和不足，希望广大读者和专家指正。让我们一起努力，共同营造一个安全、健康、绿色的饮食环境！

编　者

目 录

一、食品选购的基本常识

二、肉与肉制品的选购与食用

三、禽、蛋及其制品的选购与食用

四、水产品的选购与食用

五、豆制品的选购与食用

六、蔬菜及蔬菜制品的选购与食用

七、水果的选购与食用

八、谷物及其制品的选购与食用

九、调味品的选购与食用

十、牛奶、乳制品的选购与食用

十一、糖类、蜂蜜、罐头和糕点的选购与食用

十二、水和饮料的选购与饮用

十三、酒类的选购与饮用

十四、保健食品的选购与食用

一、食品选购的基本常识

如今我们生活在一个物质富裕的时代，面对市场上琳琅满目的食品和假冒伪劣现象的日趋猖獗，消费者早就已经犹如雾里看花，很难识别其好坏优劣。

为此，这里介绍一些选购食品的基本知识，以便帮助消费者掌握常用的识别方法，在自己的面前构筑起一道食品安全防线。

1. 怎样识别食品标签?

食品标签，是指在食品包装容器上或附于食品包装容器上的一切附签、吊牌、文字、图形、符号说明物。

标签的基本内容应包含：食品名称、配料表、净含量及固形物含量、厂名、批号、日期标志等。

正确识别食品标签与标志，能使我们了解所购食品的质量特性、安全特性、食用饮用方法等，所以，我们在购买产品之前，应仔细查看标签。

食品标签必须标示的内容

食品标签必须标示的内容包括：食品名称、净含量、固形物含量、制造商名称及地址、生产日期或包装日期和保质期、执行标准、配料表等等。因此，我们在选购时应查看该商品是否在保质期内，还要看清配料表中的各种配料，关注其中的食品添加剂有哪几个种类，查看营养成分标志，确定类型及口味是否适合自己，摄取的营养是否充足，对自己的身体健康有什么样的影响。

查看是否有 QS(生产许可)标志

我国对食品分批分类实行市场准入制度，带有"QS"标志的食品是经过国家权威机构审查的，符合国家标准要求。

以下是纳入国家食品质量安全市场准入制度的 28 大类食品：

粮食加工品；食用油、油脂及其制品；调味品；肉制品；乳制品；饮料；方便食品；饼干；罐头；冷冻饮品；速冻食品；薯类和膨化食品；糖果制品(含巧克力及制品)；茶叶及相关制品；酒类；蔬菜制品；水果制品；炒货食品及坚果制品；蛋制品；可可及焙烤咖啡产品；食糖；水产制品；淀粉及淀粉制品；糕点；豆制品；蜂产品；特殊膳食食品；以及其他食品。

这些食品必须获 QS 食品安全认证方可生产，所以我们在购买这些食品时应认准 QS 标志。

QS 标志

该标志由"QS"和"生产许可"中文字样组成。标志的主色调为蓝色，字母"Q"与"生产许可"四个中文字样为蓝色，字母"S"为白色，使用的时候可以根据需要按比例放大或缩小，但不得变形、变色。加贴(印)有"QS"标志的食品，就意味着该食品符合了质量安全的基本要求。

看标签内容是否清晰、完整真实

食品标签的一切内容应清晰、醒目,易于消费者在选购食品时辨认和识读,不得在流通环节中变得模糊甚至脱落,更不得与包装容器分开。

正规产品的标贴,所用纸张的质量大都精良挺括、图案分明、文字清晰、色泽鲜明、干净整洁,而那些纸张粗糙、色泽陈旧、图案模糊的产品,往往是一些小厂、小作坊生产出来的,质量难以有保障。

另外,食品标志不得标注以下内容:明示或者暗示具有预防、治疗疾病作用的;非保健食品明示或者暗示具有保健作用的;以欺骗或者误导的方式描述或者介绍食品的;附加的产品说明无法证实其依据的。凡是标签中标注以上内容的产品肯定有问题。

2. 怎样理解食品名称？

食品名称必须反映食品的真实属性，所以通过食品标签上标明的食品名称可以区别食品的内涵和质量特征。

但是，许多食品名称和标签往往会误导消费者，像所谓的"营养麦片"实际上大部分成分是糖和糊精而不是燕麦片，其中每包的蛋白质少得可怜，香味主要来自香精，其营养价值尚不如普通的粥；所谓的"植物奶油"就是"人造黄油"，是植物油经过人工氢化反应制成的，经过这个反应之后植物油中的不饱和脂肪也变成了饱和的脂肪，营养价值并不比天然黄油更高；所谓的"水果饮料"并不含有或只含有少量果汁，却添加了很多糖和添加剂，含有的维生素和矿物质微乎其微。

再比如，"甜牛奶"和"甜牛奶乳饮料"，是完全不同属性的两种产品，营养价值和生产成本也不相同，前者的真实属性是"牛奶"，应该是指在牛奶中加糖的产品，而后者的真实属性是"乳饮料"，水占的比例多于奶，营养价值远远不如牛奶。

同样，不少消费者在购买"果汁"和"果汁饮料"时，往往忽略它们本是两种不同属性的产品。"果汁"中的果汁含量达到 100％，而"果汁饮料"中果汁含量只需大于 10％，"果味饮料"中果汁含量甚至只需大于 5％即可。

目前，市场上销售的不规范的食品名称标注方法主要是故意不标注反映食品真实属性的名称或将该名称写得很小，并放在消费者不易看见的地方，如"甜牛奶乳饮料"，将"甜牛奶"标得非常醒目，而"乳饮料"却不标注或标在难以发现的地方。又如，某厂商生产的橙汁饮料，在包装设计上，"橙汁"二字极为醒目，"饮料"二字却小得可怜，消费者如果不仔细察看，就会误认为是鲜橙汁，其实它只是普通的橙汁饮品，两者价格相差悬殊。甚至有些厂商对于这类"掉身价"的后缀字词根本不做标注，消费者在购买时就更难发现其中奥秘了。

所以，我们在选购时要注意食品的"名称"与其"配料表"是否相符。比如，食品包装上印着"橙汁"的名称，可是在配料表上却写着水、食用香精，说明这是厂商利用橙味香精调制出的果味饮料，其中并没有果汁成分。

何谓"高钙"

根据规定，食品的营养成分含量必须达到具体的要求，才可声称"高钙"、"低脂"、"低糖"等。如"高钙"牛奶，每100克牛奶中钙的含量至少要比"营养素参考值"多30％。可查查营养素参考值表，钙是800毫克，那么100克牛奶中钙起码要达到240毫克方可称为"高钙"。其他矿物质如铁、锌等都可这样算。

低胆固醇

声称"低胆固醇"含的胆固醇须不大于20毫克。孩子和成人每天需要摄取300毫克胆固醇。一部分胆固醇转化为包裹体内神经细胞的髓鞘，但过多的胆固醇可能引发心血管疾病。其实，反式脂肪和饱和脂肪要比食物中的胆固醇更容易提升人体血液中胆固醇的含量。所以建议你为孩子和家人选择胆固醇含量低的食物，但没有必要杜绝它。

何谓"零脂肪"

市面上一些酸奶饮料标榜"零脂肪"，部分消费者认为，零脂肪饮料代表着健康，而且多喝也喝不胖。但当你认真查看营养标签时，大概不难发现这类饮料往往加入了大量的糖分，具有高热量。

不含糖的食品

这类食品每100克的糖含量低于0.5克，而且"不含糖"并不意味着"低卡路里"。生产商往往会在不含糖的食品中加入木糖醇、乳糖醇等人工甜味剂或者淀粉,无形之中就增加了卡路里。因此,选用不含糖食品也要适可而止。

不含脂肪

不是说食品中没有脂肪,只是说每 100 克食品中脂肪含量低于 0.5 克,像"低脂肪"的标准则是每份少于 3 克。虽然许多爱美的女性反感脂肪,但我们人体 25%～30% 的能量来自于脂肪,因此脂肪必不可少。食品生产商在不含脂肪的食品中,有时会添加多余的糖分或淀粉,让产品更加美味可口,从而诱惑消费者多吃。假若你决心要减肥的话,选择"低脂肪"的食品也许更合理一些。

低脂

想要保持体形美的人买食品时,喜欢标注有"低脂"两个字的食品。不过,所谓的"低脂"是厂商的自我标榜,不见得有多少名副其实。像标成"低脂"的鲜牛奶在食品抽验中,经常被发现超过低脂的标准,充其量只能算作是中脂鲜乳。其实,不论是鲜乳或其他标榜"低脂"的产品,最好不要轻易相信包装标签上有关"低脂"的说法。稳妥的办法是消费者多花一分钟时间,查看营养成分中的脂肪含量到底有多么低。

不含反式脂肪

反式脂肪,又称为反式脂肪酸或逆态脂肪酸,是一种不饱和脂肪酸(单元不饱和或多元不饱和)。反式脂肪确实会增加患心脏病和中风的概率,但是一些食品使用饱和脂肪如棕榈油、椰子油,代替反式脂肪,其实也不健康。乳制品和动物的肉品中所含有的反式脂肪非常少。经过部分氢化的植物油,才是反式脂肪主要来源。由于它会让"坏"的低密度脂蛋白胆固醇上升,并使"好"的高密度脂蛋白胆固醇下降,所以人们食用反式脂肪将会提高罹患冠状动脉心脏病的概率。相比于其他为人体摄取的脂肪,反式脂肪不是人体所需要的营养素,对于我们的健康没什么益处。

声称"无或不含反式脂肪酸"所含的反式脂肪酸必须不大于0.3克。

3. 怎样看懂配料表?

通过标签上的配料表,消费者可以做到"对症买食品"。如今的食品往往卖相诱人,但倘若"以貌取货"光看外观就出手购买,则可能会对健康造成隐患。比如,只依靠眼睛消费者可能无法作出判断,某个产品是否含有坚果或大量饱和脂肪,此时就需要仔细阅读配料表或成分表,不然的话一旦坚果严重过敏者或心脏病患者吃入不适当的食品,后果相当严重。通过查看配料表或成分表可以识别食品的内在质量及特殊效用。

食品中的各种配料应该按照制造或加工食品时加入量的递减顺序,一一排列并进行标示。如果加入量不超过2%,配料可不按递减顺序排列,但也必须标示具体名称,故查看配料表不仅可以了解该食品由哪些原料组成,还能大致了解各种原料加入量的多少。对一些决定产品质量的重要成分指标,相关标准上要求标注其在成品中的含量。如特殊膳食用食品(如婴幼儿食品,糖尿病患者食品)必须标示营养成分,如热量、蛋白质含量及钙、钠、锌含量等,灌肠类必须标注淀粉含量,果汁及果汁饮料类必须标注果汁含量,酱油必须标注氨基酸态氮含量,查看这些含量可以进一步了解食品的内在质量及特殊效用。

除甜味剂、着色剂、防腐剂以外的其他配料,应按照《食品添加剂使用卫生标准》的规定,标示具体名称或种类名称;植物油、淀粉、香辛料(添加量≤2%)、胶姆糖基础剂、蜜饯等五种配料可以按类别来归属名称标示。另外,单一配料食品可以不标示配料。假使食品标签上强调添加了有特性的配料,就应标示出添加量。而仅作为香料使用未特别强调时,则不需要标示出成品中的含量。消费者借此可以了解到,食品中加入了哪些添加剂种类,如甜味剂、防腐剂、着色剂等,还可了解到产品中添加剂的具体名称。

4. 如何正确理解营养标签?

现在不少品牌的食品标签上,除了有配料表,还多了营养标签,什么是食品营养标签呢?

食品营养标签包括营养成分表、营养素和营养素参考值。可以这么说,"食品营养标签"可以说明食品的基本营养特性和营养信息,是消费者了解食品的营养组分和特征的来源,也是根据自己健康需要选择食品的根据;同时也是消费者保障自己的知情权益的一个手段。

如果理解了标注在营养标签上的信息,我们可以知道自己买的食品到底有哪些营养成分,比如蛋白质有多少、脂肪有多少等等,在选择食品时就多了个好参谋。因为食品标签中标注营养信息有助于预防和减少营养性疾病。

每1包装(平均43克)含有		
能量 989kJ	脂肪 14.9g	
12%	25%	
% 营养素参考值		

营养成分表		
项目	每100克(g)	NRV%
能量	2301千焦(kJ)	27%
蛋白质	6.7克(g)	11%
脂肪	34.7克(g)	58%
-饱和脂肪	21.8克(g)	109%
碳水化合物	55.7克(g)	19%
钠	83毫克(mg)	4%

营养素参考值

在营养成分旁会标出"营养素参考值％",这是什么意思呢?

简单来说,营养素参考值是指一个正常成年人每天应摄入多少能量和营养素,比如能量 8 400 千焦,蛋白质 60 克,脂肪不大于 60 克,碳水化合物 300 克,钠 2 000 毫克。它是依据我国居民膳食营养素推荐摄入量和适宜摄入量制定的,是指导正常成年人保持健康体重和正常活动的标准。

食品营养标签上"营养素参考值％"就是表示,你拿到的食品所含营养成分占全天应摄入量的百分比。比如,上图中每包装含蛋白质 6.7 克,除以营养素参考值 60 克约等于 11％,在"营养素参考值％"下会标 11％。这样,消费者就清楚了,吃 1 包这种食品基本满足一天 11％ 的蛋白质需要量。

"营养素参考值％"可帮助消费者选择适合自己营养状况的食品。如,医生建议高血压患者吃低盐的食品,这些患者在选购食品时就要留意看钠的含量。有一种瓶装辣酱,每 100 克钠标注为 9 克,"营养素参考值％"高达 450％。吃 20 克就摄入 1.8 克钠,将近营养素参考值 90％。这种辣酱当然不适合高血压患者。

另外要注意,大多数营养标签指的是一杯(有些饮料也以每份 250 毫升为单位)或每 100 克或每 1 包该食品所含的营养成分含量,而非整个食品的营养成分含量,这使得食品标签上显示出的数字比较低。倘若你吃掉整包食品,那么你实际摄取的应该是更多的脂肪和热量。

5. 如何识别进口食品标签?

第一,按照国家出入境检验检疫局《进出口食品标签管理办法》规定,进口食品标签必须事先经过审核,取得《进出口食品标签审核证书》,进口食品标签必须为正式中文标签。

　　第二,要注意查看所选购的进口商品上是否贴有激光防伪的"CIQ"标志。"CIQ"是"中国检验检疫"的缩写,基本样式呈现为圆形,银色底蓝色字样(为"中国检验检疫"),规格有 10 厘米、20 厘米、30 厘米、40 厘米 4 种,背面注有九位数码流水号。该标志是辨别"洋食品"真伪的最重要手段。

　　第三,还可以向经销商索取查看《进口食品卫生证书》。该证书由检验检疫部门对进口食品检验检疫合格后予以签发,证书上注明进口食品包括生产批号在内的详细信息。可以说,该证书是进口食品的"身份证",只要货证相符,便能证明该食品是真正的"洋货。"

　　对于市面上一些没有正式中文标签的所谓"进口货",也就是常说的"水货",由于缺乏法律保障,最好还是不要购买,以免出现问题投诉无门。

6. 什么是无公害食品?

无公害食品是按照无公害食品生产的技术标准的要求生产的、符合通用卫生标准并经有关部门认定的安全食品。无公害农产品是指产地环境符合无公害农产品的生态环境质量,生产过程必须符合规定的农产品质量标准和规范,有毒有害物质残留量控制在安全质量允许范围内,安全质量指标符合《无公害农产品(食品)标准》的农、牧、渔产品(食用类,不包括深加工的食品)经专门机构认定,许可使用无公害农产品标志的产品。广义的无公害农产品包括有机农产品、自然食品、生态食品、绿色食品、无污染食品等。这类产品生产过程中允许限量、限品种、限时间地使用人工合成的安全的化学农药、兽药、肥料、饲料添加剂等,它符合国家食品卫生标准,但比绿色食品标准要宽。无公害农产品是保证人们对食品质量安全最基本的需要,是最基本的市场准入条件,普通食品都应达到这一要求。

7. 什么是绿色食品?

绿色食品并非特指那些"绿颜色"的食品,而是指按照特定生产方式生产,经专门机构认定,许可使用绿色食品标志商标的无污染的安全、优质、营养类食品。它可以是蔬菜、水果,也可以是水产、肉类。

绿色食品必须同时具备以下条件:产品或产品原料产地必须符合农业部制订的绿色食品生态环境质量标准;农作物种植、畜禽饲养、水产养殖及食品加工必须符合农业部制订的绿色食品的生产操作规程;产品必须符合绿色食品质量和卫生标准;产品外包装必须符合国家食品标签通用标准,符合绿色食品特定的包装、装潢和标签规定。

我国的绿色食品分为 A 级和 AA 级两种,其中 A 级绿色食品生产中允许限量使用化学合成生产资料,AA 级绿色食品则较为严格地要求在生产过程中不使用化学合成的肥料、农药、兽药、饲料添加剂、食品添加剂和其他有害于环境和健康的物质。按照农业部发布的行业标准,AA 级绿色食品等同于有机食品。从本质上讲,绿色食品是从普通食品向有机食品发展的一种过渡性产品。

8. 什么是有机食品?

有机食品是一种国际通称,是指按照一种有机的耕作和加工方式生产和加工的、符合国际或国家有机食品要求和标准、并通过国家认证机构认证的一切农副产品及其加工品,包括粮食、蔬菜、水果、奶制品、禽畜产品、蜂蜜、水产品、调料等。

9. 有机食品与其他食品的区别是什么?

主要有三个方面:

第一,有机食品在生产加工过程中绝对禁止使用农药、化肥、激素等人工合成物质,并且不允许使用基因工程技术;其他食品则允许有限使用这些物质,并且不禁止使用基因工程技术。如绿色食品对基因工程技术和辐射技术的使用就未做规定。

第二,有机食品在土地生产转型方面有严格规定。考虑到某些物质在环境中会残留相当一段时间,土地从生产其他食品到生产有机食品和无公害食品需要 2～3 年的转换期,而生产绿色食品和无公害食品则没有转换期的要求。

第三，生产食品在数量上进行严格控制，要求定地块、定产量，生产其他食品没有如此严格的要求。

所以，从安全性来说，有机食品的要求最高，绿色食品其次，无公害食品是最基础的安全食品。

10. 选购无公害、绿色和有机食品时应注意什么?

无公害食品主要强调安全性，是最基本的市场准入标准，价格以大众化消费为主，因此有条件应该尽量购买无公害食品。

有机食品在保证基本安全以外，还强调无污染、天然和生态效应，强调食品优质和营养。由于种植、养殖规模和价格等条件的限制，目前还局限于特定的消费群体。绿色食品介于两者之间，消费者可根据自身情况选择购买。

一般可以到规范的有机食品专卖店或者正规超市专柜去买有机食品。先要看看食品包装上是否印上有机认证标志。再看看包装袋上是否明确标示生产者及验证单位的相关资料（名称、地址、电话）等。

每一包有机食品都有一个有机码，也就是可追溯、防伪的"一品一码"。这个号码就像是食品的身份证，你一旦发现任何品质问题，可以根据追溯码追查到底，是哪个农庄、哪个农户、哪个批次的产品都可以查到。

按照规定，有机农产品生产企业要向认证机构申请销售证，转交给销售单位，每种产品卖多少都要有记录。市民在购买时也有权向销售的超市、专卖店索要销售证查看真假。销售场所不能对有机食品进行二次分装、加贴标志。一旦发现这种行为可以举报。

二、肉与肉制品的选购与食用

相关报告显示,大约有 24％ 的问题食品集中在鲜肉及肉制品上。

不少消费者现在一看到那些颜色鲜红的瘦肉,心里就不由产生一种恐惧感,只敢去买肥肉多些的五花肉,甚至有时直接买块肥肉。确实,由于瘦肉精等非法添加物的使用,瘦肉中有害物质的含量非常多。

再如,一些瘦肉制品其实并不是肉做的,如廉价红肠,往往只含很少的动物原料或并不含肉,而用色素、发色剂(亚硝酸钠)、淀粉、麦芽酚及其他辅配料制成。由于缺乏监管,所使用的色素和其他添加成分不符合国家的有关规定,因此这样的灌肠类食品潜在的危害性也很大。

1. 如何鉴别猪肉的品质?

猪肉,是主要的家畜肉类之一。好的猪肉应是表面不发黏,肌肉细密而有弹性,颜色自然鲜红,用手指压后不留指印,并有一股清淡的自然肉香味。

外观鉴别:新鲜猪肉表面有一层微干或微湿润的外膜,呈淡红色,有光泽,切断面稍湿、不黏手,肉汁透明。次鲜猪肉表面有一层风干或潮湿的外膜,呈暗灰色,无光泽,切断面的色泽比新鲜的肉暗,有黏性,肉汁混浊。变质猪肉表面外膜极度干燥或黏手,呈灰色或淡绿色,发黏并有霉变现象,切断面也呈暗灰或淡绿色、很黏,肉汁严重混浊。

弹性鉴别:新鲜猪肉质地紧密且富有弹性,用手指按压凹陷后会立即复原。次鲜猪肉肉质比新鲜肉柔软、弹性小,用指头按压凹陷后不能完全复原。变质猪肉由于自身被分解严重,组织失去原有的弹性而出现不同程度的腐烂,用指头按压后凹陷,不但不能复原,有时手指还可以把肉刺穿。

黏度鉴别:新鲜猪肉脂肪呈白色,具有光泽,有时呈肌肉红色,柔软而富于弹性。次鲜猪肉脂肪呈灰色,无光泽,容易黏手,有时略带油脂酸败味和蛤喇味。变质猪肉脂肪表面污秽、有黏液,常霉变呈淡绿色,脂肪组织很软,具有油脂酸败气味。

气味鉴别:新鲜猪肉具有鲜猪肉正常的气味。次鲜猪肉在肉的表层能嗅到轻微的氨味、酸味或酸霉味,但在肉的深层却没有这些气味。变质猪肉不论在肉的表层还是深层均有腐臭气味。

2. 什么是冷却肉?

冷却肉是指经兽医检验、证实健康无病的活猪,在国家批准的屠宰厂内进行屠宰后,将肉很快冷却下,然后进行分割、剔骨、包装,并始终在低温下储藏、运输的肉。冷却肉的肉温始终要保持在零下2.2℃~5℃之间。在超级市场里的冷却肉大都是精细分割的部位肉,放在覆盖有透明保鲜薄膜的托盘里,在产品的标签上写明部位肉的名称、重量、单价、总价和生产日期等,有着极好的色泽和卫生状况。

购买冷却肉时应注意其肉色正常,触感柔软,有弹性,有少许湿度,销售时冷藏柜的温度应在零下 2.2℃~5℃的范围以内。由于冷却肉在风味、营养和口感等方面比冻肉、热鲜肉都来得好,也符合卫生、安全的原则,因而受到消费者的欢迎。

怎样买到真正的冷却肉

冷却肉虽好,但在购买、食用、保存方面也要注意一些问题。有的人不太会食用、保存冷却肉,一次购买的量比较大,吃不完就扔到冰箱冷冻室。这就把冷却肉变成了冷冻肉,失去了冷却肉的价值。买回家的冷却肉应放 0~4℃保存,继续其冷链储藏过程,3天内吃完。

现在市场上冷却肉和鲜肉的价格差异不太大。冷冻肉的价格比较便宜,有的商贩为了降低成本,把冷冻肉解冻后当做冷却肉卖。有的人图便宜,到小商场买无品牌或者不知名小品牌的冷却肉,这很难保证买到真正的冷却肉。

冷却肉在销售时应保持 0~4℃的低温,要到有冷藏柜的超市或声誉好的品牌专卖店去买。

假冒冷却肉的特点是:肉温接近常温,肉的表面缺乏光泽,肉质发白,没有血红色,肉表面渗水明显;有异味,特别是有腥味和草酸味;烧时不易烂,吃时肉质硬而无鲜香味。

3. 什么是"瘦肉精"猪肉?

瘦肉精是一类能够促进瘦肉生长的饲料添加剂,任何可以促进瘦肉生长、抑制肥肉生长的物质都可以叫做"瘦肉精",饲养者为了提高猪肉的瘦肉率,将"瘦肉精"加入饲料喂养出来的猪,其肉称"瘦肉精猪肉",又称"毒猪肉",人食用有"瘦肉精"残留的猪肉,特别是猪肝、猪肺,会造成中毒,出现头晕、心悸、呕吐、全身肌肉颤抖等症状,甚至造成畸变和诱发恶性肿瘤,严重影响人体健康。

出现疑似症状要及时就医,并将吃剩的肉留样,以备检测。

识别"瘦肉精"猪肉

正常瘦肉型的猪肉,呈淡粉红色、湿润、富弹性,按后凹陷处会立即复原,肉面无黏液感。"瘦肉精"猪肉纤维比较疏松,时有少量"汗水"渗出表面;含"瘦肉精"的猪肉其肉色则异常鲜红,甚至为暗红色。查看猪肉是否有脂肪层,如果该猪肉皮下即为瘦肉,或皮下脂肪层明显较薄,通常不足1厘米,切成二三指宽的猪肉比较软,不能立于案上,则此猪肉有可能为瘦肉精猪肉。

4. 怎样辨别注水猪肉?

在生猪屠宰前,在猪体内注入大量水,这种猪的肉被称为"注水猪肉"。注水猪肉的重量会明显增加,但这种猪肉的危害是很严重的,注水猪肉会破坏肉的组织结构,鲜肉会失去原来的品质和风味。严重的是,注水可能把各种寄生虫、致病菌带到肉里去,对人体会造成严重的危害

怎样鉴别注水肉

远观。因注过水的生肉会逐渐向外渗水,故商贩在经营过程中会经常用抹布擦拭,消费者在买肉前不妨先站在远处观察一番,或用一小块吸水力强的卫生纸在肉上按一按,如果卫生纸马上变湿则可判定为注水肉。

近瞧。凡注过水的肉多呈鲜红色,且由于经水稀释的原因又发白、发亮,表面光滑无褶。而未经注水的肉则呈暗红色,表面有

皱纹。

手摸。注水肉因充满水,所以摸起来弹性较差,有硬邦邦的感觉,没有黏性,而没有注水的则相反,有一定的弹性,且发粘。

刀试。这一招对于常买心、肺的消费者来说非常实用,因心脏和肺部是直接注水和存水的部位,所以在购买时只需用刀轻轻剖开,便可根据其干湿情况判定是否注水。

5. 怎样辨别豆猪肉和病死猪肉?

豆猪肉又称"米猪肉",即患有囊虫病的猪的肉。食用豆猪肉可能会引发绦虫病,即误食豆猪肉后,在小肠寄生 2～4 米长的绦虫;同时也有可能会患有囊虫病,生成的囊包虫可以寄生在人的心脏、大脑、眼睛等重要器官,严重危害人体健康。

豆猪肉中的囊包虫在高温下可被杀死,所以食用猪肉时,一定要煮熟后方可食用。另外要注意个人卫生,防止交叉感染。

豆猪肉鉴别方法

用刀子在猪肉上切一厚度为 3 厘米、长为 20 厘米的肉片,每隔 1 厘米切一刀,切 4 至 5 刀后,仔细观察切面,如发现肌肉上附有石榴子一般大小的水泡,则可判断为囊包虫病肉。

病死猪肉

病死猪的皮表面往往有充血或有出血点,出现红或紫红色块,脂肪呈粉红色、黄色甚至绿色。如是重病或将死的病猪急宰,在尸体倒卧一侧的皮下组织等有明显淤血及大片的紫红色血液浸润组织。

病死猪肉体的血管中会充满大量的暗褐色、凝结的血液,所以肉色呈现程度不同的深黑红色,而且带有蓝紫色,尤其是毛细血管中更为明显,切面大部分可看到黑红色的血液浸润区并流出血滴。

病猪肉通常有淋巴结肿大、萎缩、坏死、充血、水肿或化脓等症状。猪肉没有弹性,用手按一下肉,不易恢复原状。

病死猪肉多有腥味或腐败味,内脏有异臭味。

6. 如何选购与食用猪内脏?

猪心

新鲜猪心呈红或淡红色,脂肪为乳白色或微红色,组织结实有弹性,气味正常,可购买食用。变质的猪心呈红褐色,脂肪微绿色,组织松散无弹性,有异臭。有些猪心的上部有结节、肿块,颜色不正,有斑点或心外表有绒毛样包膜粘连,这些都不能食用。

猪肝

新鲜猪肝呈红褐色或淡棕红色,表面光洁润滑,组织结实,略有弹性,并有血腥味,可购买食用。变质猪肝色绿或呈褐色,无光泽,组织不结实,触及易碎,且有酸败味,这样的猪肝不能食用。

猪肺

表面色泽粉红、光洁、均匀,富有弹性,无异味的为新鲜肺,可食用。变质的猪肺为褐绿或灰白色,有异味,无弹性,无光泽,不能食用。如见猪肺上有水肿、气肿、结节以及脓样块节等外表异常的,也不能食用。

猪胃(俗名"猪肚")

新鲜的猪肚呈乳白色,黏膜清晰,组织结实,无异味,也无内外脏物的,可购买食用。如果颜色不正常(如灰绿色),黏膜出现糊状,组织松弛,有臭味的或胃壁黏膜增厚、发硬,有溃疡、脓肿或凹凸不平现象的,不能食用。

猪肾(俗名"猪腰子")

新鲜的猪肾呈淡褐色,有光泽,组织结实,有弹性,略带臊味,可购买食用。腐败变质的猪肾色泽灰绿,组织松弛,弹性极差,还有臭味;异常的猪肾,如肿大、萎缩或带有各色斑点和肿块的,都不能食用。

猪肠

健康、新鲜的猪肠呈乳白色,略有硬度,有黏液且湿润,无脓包和伤斑,无变质的异味,这样的猪肠可购买食用。如果肠壁黏膜增厚、发硬、变形、溃疡,有脓肿或异味等现象的,不能食用。

7. 如何选购牛肉?

牛肉,是世界上最受人们欢迎的食品之一,牛肉的蛋白质含量高,而脂肪含量较低,味道鲜美。

新鲜的黄牛肉呈棕色或暗红,剖面有光泽,结缔组织为白色,脂肪为黄色,肌肉间无脂肪杂质。新鲜的水牛肉呈深棕红色,纤维粗糙而松弛,脂肪较干燥。新鲜的牦牛肉质较嫩,微有酸味。

鲜牛肉的质量鉴别

外观鉴别:良质鲜牛肉有光泽,红色均匀,脂肪洁白或淡黄色。次质鲜牛肉色稍暗,用刀切开截面尚有光泽,脂肪缺乏光泽。

黏度鉴别:良质鲜牛肉外表微干或有风干的膜,不黏手。次质鲜牛肉,外表干燥或黏手,用刀切开的截面上有湿润现象。

弹性鉴别:良质鲜牛肉,用手指按压后的凹陷能完全恢复。次质鲜牛肉,用手指按压后的凹陷恢复慢,且不能完全恢复到原状。

气味鉴别:良质鲜牛肉具有牛肉的正常气味。次质鲜牛肉牛肉稍有氨味或酸味。

8. 如何识别注水牛肉?

　　一些商贩在牛宰杀后,向牛的肌体内注入水,以增加牛肉的含水量。由于注入的水有可能带有多种致病细菌,因此会对牛肉造成较为严重的污染,另外,注水会破坏肉的组织结构,失去了鲜肉的风味与品质。

　　正常保鲜的牛肉其颜色呈鲜红色,表面比较干燥,没有汁液流出;而注水牛肉的颜色较暗淡,会有一些血水流出。

　　正常的牛肉很有弹性,用手按下去之后会很快恢复回来;而注水牛肉的弹性较差,用手按下去之后不能迅速恢复。用刀将牛肉割开,若是在很短的时间内牛肉中就会有汁液或是血水流出,则为注水牛肉,而正常的牛肉没有血水或是汁液流出。

　　用餐巾纸贴在牛肉上,若是注水牛肉,餐巾纸会立即变湿;若是正常牛肉,则餐巾纸不会变湿,只有油脂沾在上面。

9. 如何选购羊肉?

　　羊肉常可分为绵羊肉、山羊肉、野羊肉,深受人们的喜爱。羊肉与猪肉相比肉质要细嫩,而与牛肉质地相似,但是肉味较为浓烈。同时,羊肉中所含的胆固醇、脂肪含量要比猪肉以及牛肉要少。另外,羊肉具有一定的食疗价值,最适宜在冬季食用。

　　羊肉的质量鉴别

　　外观鉴别:良质鲜羊肉有光泽,红色均匀,脂肪洁白或淡黄色,质坚硬而脆;次质鲜羊肉色稍暗淡,用刀切开的截面尚有光泽,脂肪缺乏光泽。

　　弹性鉴别:良质鲜羊肉用手指按压后凹陷能立即恢复原状;次

质鲜羊肉用手指按压后凹陷恢复慢,且不能完全恢复到原状。

黏度鉴别:良质鲜羊肉外表微干或有风干的膜,不黏手;次质鲜羊肉外表干燥或黏手,用刀切开截面湿润。

气味鉴别:良质鲜羊肉有明显的羊肉膻味;次质鲜羊肉稍有氨味或酸味。

10. 购买散装熟食应注意什么?

买散装熟食要特别小心,如果一定要买,做到以下几点。

选择符合卫生标准的超市、熟食店购买熟食。卫生标准要求:加工与销售完全隔离;有四面可密闭的、有空调的独立售卖柜;有防尘、防蝇设施;有专人售卖;有专门的消毒器具。不要到路边裸露摆卖的熟食摊买。

购买散装熟食的品种和数量尽量少些,最好在 2 小时内一次吃完。如购买熟食后要贮存的,应严格按照要求贮存,一般可放入冰箱,食用前务必再次加热煮熟,并在 2 小时内进食。隔餐、隔夜的熟食,食用前也一定要加热,预防食物中毒。

散装熟食最好在中午买,尽量不要在晚上收市的时候买。熟食最好买整块、整只的,尽量不要买经改刀或分切的,像白斩鸡、咸鸡、盐水鸭、牛肉一类的,一经切块切片的,细菌污染会成倍地增加。

夏天买烧煮类的熟食,少买凉拌类的菜肴,如凉拌云丝、凉拌夫妻肺片一类的,因为凉拌类的卫生状况最不靠谱。

三、禽、蛋及其制品的选购与食用

蛋是人类重要的食品之一,常见的蛋包括鸡蛋、鸭蛋、鹅蛋、鹌鹑蛋等,其营养成分和结构都大致相同,其中以鸡蛋最为普遍。普通消费者挑鸡蛋,主要是看鸡蛋的新鲜度。

1. 如何挑选鲜禽肉?

以鸡肉为例。新鲜的鸡肉肉质紧密排列、颜色呈干净的粉红色而有光泽,皮呈米色、有光泽和张力,毛囊突出。不要挑选肉和皮的表面比较干,或者含水较多、脂肪稀松的鸡肉。具体来说,可以从以下几个方面判断鲜禽肉的新鲜程度。

查眼球。新鲜的禽肉眼球饱满,角膜有光泽;次鲜的禽肉眼球皱缩凹陷,晶体稍混浊;变质的眼球干缩凹陷,晶体混浊。

观色泽。新鲜禽肉皮肤有光泽,肌肉切面有光亮;次鲜的皮肤色泽较暗,肌肉切面稍有光泽;变质的体表无光泽。

探黏度。新鲜禽肉外表微干或微湿润,不黏手;次鲜禽肉外表干燥或黏手,新切面湿润;变质禽肉外表干燥或黏手,新切面发黏。

试弹性。新鲜禽肉指压后凹陷立即恢复,次鲜禽肉则恢复较慢,变质禽肉不能恢复并留有痕迹。

闻气味:新鲜禽肉气味正常,次鲜禽肉无异味,变质禽肉体表和腹部均有异味或臭味。

2. 怎样识别注水禽肉?

同畜肉一样,现在市场上禽肉也有注水的,因此在挑选禽肉时,一定要看其是否注水。在挑选时,先翻起其翅膀,如周围有呈乌黑色的红色针眼,说明已注水;朝胸部肌肉轻拍几下,如果发出"啵啵"声,也说明已经注水;注过水的禽肉用手指甲掐皮层下,会明显打滑。如果身上高低不平,摸上去像长有肿块,同样是注过水的。如果是散装禽肉,上述的检验方法就不太灵验了。可以用一张干燥易燃的薄纸,贴在散装禽肉的表面上,用手按一会儿再取下,如果不能燃烧,说明已注水。

注意事项

鸡肉在肉类食品中是比较容易变质的,所以购买之后要马上放进冰箱里冷冻起来,剩下的鸡肉不要生着保存,应该煮熟之后保存。

3. 如何选购活鸡?

如果要买活禽现场宰杀,要挑选健康的买。一般说来,可以从以下几点判断。

第一,看静态体貌。

健康鸡呼吸不张嘴,眼睛干净且灵活有神;病鸡不时张嘴,眼红或眼球浑浊不清,眼睑浮肿。

健康鸡的鼻孔干净而无鼻水,羽翼丰满,鸡冠鲜红,头、口、鼻颜色正常,冠面呈朱红色,脚爪的鳞片有光泽,皮肤有光泽,肛门黏膜显肉色,鸡嗉囊无积水,口腔无白膜或红点,不流口水;病鸡的双翅和尾巴下垂,羽毛松乱而无光泽,皮肤有红斑与肿块,胸肌十分消瘦,肛门松懈,周围羽毛有脏物和白色污物。

第二,看动态。

可抓翅膀提取,健康鸡挣扎有力,双腿收起,鸣声长而响亮,肌肉紧密,表明鸡活力强;病鸡挣扎无力,鸣声短而嘶哑,脚伸而不收,肉薄而身轻。

购买活鸡除了鸡要健康外,重量也是一项主要标准。最理想的鸡,全身肥瘦与重量适中,一般以2公斤左右为佳。

4. 怎样鉴别病、死鸡做的烤鸡?

烤鸡是很受消费者欢迎的风味食品,但有些不法商贩用病、死鸡加工制成烤鸡出售,由于病、死鸡携带有大量的细菌和病毒,食后会对人体造成损害,故选购时要多加留意。

看眼睛。烤鸡的双眼如呈半睁半闭的状态,则是正常屠宰的鸡;而病死或毒死的鸡,双眼都是全闭上的。

看眼眶。正常屠宰的鸡,眼眶饱满,眼球明亮,鸡冠色红而湿润,血线匀细、清晰;相反,病、死鸡的眼眶下陷,鸡冠干瘪。

闻气味。健康的鸡屠宰时会放净鸡血,烧制的烤鸡用鼻细闻,具有鸡的鲜香味;如果鼻闻有异味,说明是用病、死鸡加工或是存放时间已久的不新鲜的制品。

观皮下肉色。用筷子或小刀挑开一块鸡肉皮观察,如果鸡肉呈白色或乳白色,说明是健康鸡烧制的;如果鸡肉呈红色、紫红色、黄色等,便可能是病鸡或毒死的鸡烧制的,这是因为病、死鸡没有放血或放血不尽,有大量的血液溶在鸡肉内所致。

总之,买烤鸡首选正规厂商生产的,对于小商小贩的产品,宜仔细挑选,切不可光看其表皮色泽新鲜光滑就以为是好货。因为色泽是可以用酱色、红糖或蜂蜜掺入油内炸成的。

另外,未经注水烧制的烤鸡鸡体有弹性,肉质松干,咀嚼时有韧劲;而注了水后烧制的烤鸡用手压摁时,可感到高低不平,似有肿块状,咀嚼时还有一种不够火候、无韧劲和肉质粗糙、缺少香味的感觉。

5. 如何选购鲜蛋?

蛋是人类重要的食品之一,常见的蛋包括鸡蛋、鸭蛋、鹅蛋、鹌鹑蛋等,其营养成分和结构都大致相同,其中以鸡蛋最为普遍。下面以鸡蛋为例说明。

第一,看外壳。

蛋的外壳应鲜亮、洁净、完整无损,壳面毛糙有微孔,并附有一层霜状粉末的为新鲜蛋。如果无"霜状粉末膜",则说明蛋的存放时间已较长。市场上有些商贩常用水清洗鲜蛋,这虽使表皮洁净了,但蛋壳的胶质薄膜受损,细菌易从气孔侵入,不易存放,购买时对此也不能忽视。

第二,查裂缝。

手指轻弹鸡蛋,声音清脆,蛋与蛋互相轻击,声音如击砖的,无裂缝;有裂缝的会发出"哑声",裂缝的蛋极易腐败变质。

第三,用手掂。

新鲜蛋放在手中,掂起来有沉重感。如手感轻飘、摇晃时蛋内有动荡感的表明存放时间较长,会产生空头较大或出现散黄现象;

如果手感较滑又很轻飘的,很可能是孵化蛋。

第四,光照。

将蛋轻握拳掌中,从露出的小孔中对光照视,蛋黄、蛋白轮廓分明的为新鲜蛋。鸡蛋的一头有小气室,气室越小越新鲜。如果模糊灰暗或内有暗影,且气室较大就是坏蛋。坏蛋包括贴壳蛋、散黄蛋、霉蛋、臭蛋。如蛋黄变形或浑浊,多为散黄蛋(蛋黄散乱)或浑汤蛋(蛋黄与蛋清混在一起);如有大小不等黑斑,那就是黑斑蛋(此时蛋黄粘在壳上,又称粘壳蛋);如大部分漆黑一团,则为孵化不出的雏蛋(又称旺鸡蛋)。

6. 怎样鉴别洋鸡蛋与土鸡蛋?

很多人喜欢吃土鸡蛋,现在市场上"土鸡蛋"看似很多,其实很多是仿土鸡蛋。更有甚者,有些鸡蛋生产经营者会用普通鸡蛋假冒土鸡蛋,比如,从普通的白壳蛋里挑出貌似土鸡蛋者;或在鸡饲料里添加色素致使蛋壳颜色变浅,接近土鸡蛋;或把刚会产蛋的食饲料鸡生的个头较小的蛋充作土鸡蛋。

真的土鸡蛋和仿土鸡蛋、假冒土鸡蛋价格差异较大。大家在购买时应谨慎选择,以免多花冤枉钱。

从颜色上看,仿土鸡蛋、假冒土鸡蛋的颜色比较一致,差别不太大;散养土鸡蛋大部分颜色较浅,蛋与蛋之间的颜色差别较大。

从个头上看,仿土鸡蛋、假冒土鸡蛋大小较均匀,蛋的形状差不多;散养土鸡蛋的蛋之间个头差异较大,大的土鸡蛋每500克8只左右,小的10只左右,蛋型不整齐,有的偏长,有的偏圆。

从蛋清和蛋黄来看,仿土鸡蛋、假冒土鸡蛋的蛋清含水量较大,比较稀,蛋黄较小,颜色较淡且个体间基本无色差;散养土鸡蛋的蛋清量较少且黏稠,蛋黄较大,颜色不均匀,有金黄色、浅黄色或略显红色的,这是由于鸡吃食的喜好不同造成的。

7. 食用鸭蛋应注意什么?

鸭蛋营养丰富,含蛋白质、脂肪、糖类、维生素 A、维生素 B_1、叶酸、钙、磷、铁、镁、钾、钠、氯等。

但要注意,鸭蛋的脂肪及胆固醇含量均较高,每百克约合 1 522 毫克,中老年人多食久食容易加速和加重心血管系统的硬化和衰老。

未完全煮熟的鸭蛋不宜食用,鸭蛋需在开水中至少煮 15 分钟后,将其细菌杀死,才可食用。另外,煮熟以后不要立刻取出,应留在开水中使其慢慢冷却。食用未完全煮熟的鸭蛋,很容易诱发疾病,故不宜食用。

鸭蛋不宜与左旋多巴同时食用,因为食用蛋白含量高的食物在肠道内产生大量阻碍左旋多巴吸收的氨基酸,会使药效下降。

儿童不宜多吃鸭蛋,过量食用不仅影响儿童的胃肠消化功能,而且蛋白质的分解产物还会产生一定的不利影响,故儿童不应多吃蛋类高蛋白食物。

8. 为什么皮蛋不宜多吃?

皮蛋又称松花蛋、变蛋,是我国传统的风味蛋制品。皮蛋多用鸭蛋加工而成。

皮蛋属于腌制食品,不宜常食多食。另外,现在出现了很多品牌的"无铅皮蛋",有人以为无铅皮蛋可以放心食用。其实,所谓的

"无铅皮蛋"还是有铅的,只是含铅量少,符合国家规定罢了。所以,成人也要控制吃皮蛋的量,每星期最多吃1个传统工艺生产的皮蛋,"无铅皮蛋"不能超过3个。

儿童比成人容易受铅污染的危害,所以,年龄太小的孩子最好还是不要吃皮蛋。

9. 如何选购咸蛋?

咸蛋,又名腌蛋、盐蛋,它通常是用鸭蛋经盐腌制而成的。按其加工方法,用鲜蛋加黄泥和食盐腌制的称"黄泥蛋",用草木灰和食盐腌制的叫"灰蛋",以盐水浸泡腌制的为"咸卤蛋"。黏附有泥、灰的咸蛋,要先将外面的泥、灰洗除干净后才可鉴别。

好的咸蛋有"鲜、细、嫩、松、沙、油"的特点,即滋味鲜咸适中,蛋白质地细嫩,蛋黄丰润、油露松沙,风味别具一格,用筷子一挑便有黄油冒出,蛋黄分为一层一层的,越往里颜色越深。

优质咸蛋个形大、壳色青白、蛋壳完整、无裂纹和发霉,轻微摇晃时有轻度的水荡样感觉,用日光或灯光透照时,蛋白透明,红壳清晰,蛋黄缩小,靠近蛋壳;将生蛋打入碗内,可见蛋白稀薄,浓厚蛋白层消失,透明蛋黄浓缩,黏实而不硬固,呈红色或淡红色;将生咸蛋煮熟后,无空头或空头小,打开蛋壳尝之,蛋白软、富弹性,具有咸蛋固有的香味,蛋黄含油丰润、呈朱砂色,食之有颗粒感,咸淡适度可口。

次质咸蛋其外观等方面与优质咸蛋无明显差异,用日光或灯光透照时,蛋白也清晰透明;煮熟后打开蛋壳,蛋白略变色且发硬,蛋黄呈灰黑或黑色。

变质咸蛋其外观上可见蛋壳上隐有黑色,用日光或灯光透照时,蛋白混浊,蛋黄稀薄,有腥臭味;煮熟后打开蛋壳,蛋白

呈灰暗或黄色，蛋黄黑色或糊散，有腥臭味。变质咸蛋不能食用。

　　市面上出售的咸鸭蛋有生熟之分，生咸蛋应煮熟后食用。

四、水产品的选购与食用

水产品是生活在水中并能被人食用的产品的总称。目前水产品常出现药残超标、被污染等问题。个别不法商贩擅自使用国家明令禁止使用的防腐剂、漂白剂(着色剂)等毒性很强的物质对水产品进行处理,对消费者的健康造成威胁。

1. 海产品含有哪些生物毒素?

目前,由于海洋环境恶化和全球气候变暖,许多近海地区污染严重,赤潮频发,生物体内的毒素含量增高。含有雪卡毒素的藻类黏附在珊瑚表面,小鱼吃下有毒海藻后,大鱼再吃下小鱼,毒素随之积聚在大鱼体内。毒素就这样通过食物链集中和浓缩,如果过量食用了这样的海鲜,后果非常危险。

珊瑚鱼家族中的石斑鱼味道鲜美,刺少,肉细嫩厚实,不仅沿海居民喜食石斑鱼,内陆也有越来越多的居民看好石斑鱼。但是,吃石斑鱼等热带珊瑚鱼,容易增加雪卡毒素中毒的风险。

雪卡毒素是神经毒素,主要存在于珊瑚鱼的内脏、肌肉中,尤以内脏中的含量最高,因此不要吃珊瑚鱼的内脏。食用时还要避免同时喝酒、吃花生或豆类食物,以免加重中毒的程度。珊瑚鱼虽然愈大愈名贵,但毒性也愈大,食用的安全风险也就愈高。

2. 水产品有哪些化学性危害?

化学性危害主要指农药残留、渔药残留、重金属,以及其他无机和有机化学物质对水产品造成的危害。

农药、渔药残留

据有关资料显示,我国每年在 18.26 亿亩的耕地上使用农药制剂 100 万吨左右。大量农药、化肥随表土流入江、河、湖、水库,从而导致水质恶化。不少养殖水塘或江、湖的高密度养殖方式超出了水域的自然承受能力,加剧了水环境的恶化。一些养殖户还在养殖滩涂上随意施用农药、渔药。这是造成化学污染的主要原因。

有关检测研究表明,目前我国水域的农药、渔药残留污染程度为:养殖水塘＞江湖＞近海＞远洋。有关部门对我国近海渔场和沿岸海水养殖区进行的监测显示,大部分海产品的安全质量略高于淡水产品。不过,现在我们吃的许多海产品采用近海人工养殖,有相当数量并不生长在天然的环境里,也吃了鱼饲料和渔药。这种海产品就不一定比淡水产品安全了。有些地区部分海产品的污染程度甚至超过淡水产品,如南通海域的文蛤、杂色蛤、大竹,连云港海域的毛蚶等,污染较严重。一般来说,海产品中的贝类、甲壳类、大型鱼类受化学污染较多。

重金属污染

根据重金属污染来源和迁移转化的特点,重金属污染物通过吸附、吸收或摄食,富集在水生物体内外,并随生物的运动而产生水平和垂直方向的迁移,或经由浮游植物、浮游动物、鱼类等食物链而逐级放大。因此,大型肉食性鱼类的污染更严重,最好不要吃。

3. 怎样安全食用水产品?

在营养方面,海产品和淡水产品都属于优质蛋白质,易为人体消化吸收,比较适合病人、老年人和儿童食用。且脂肪含量低,有一定的防治动脉粥样硬化和冠心病的作用。但是,它们的安全性各有不同,所以平时吃水产品时要注意以下几点:

不重复。海产品和淡水产品最好轮换着吃,而且应挑选不同种类的水产品。一星期内不重复吃同一种水产品。

不过量。每星期吃水产品保持在三次左右。每次吃水产品不要过量。成人每人每次不超过 120 克。外出旅游吃当地水产品每星期不要超过 190 克。

不生食。无论是海产品还是淡水产品都要避免生食。螃蟹、海螺等有硬壳的完整水产品,一般需煮或蒸 30 分钟才可食用。

看品种。水产品重金属含量一般趋势为,肉食性鱼＞杂食性鱼＞草食性鱼,因此吃鱼要看品种,避免吃大型的肉食性鱼类,少吃鲨鱼、帝王蟹、黑鱼等。水产品的重金属富集部位为,内脏＞头部＞肌肉。因此不要吃鱼头、虾头,也不要吃内脏。

看生熟。不管海产品还是淡水产品,熟加工的肯定要比生食的安全,尤其是生的淡水鱼虾及螺类千万不能食用,接触生的淡水鱼虾及螺类后要洗手。一般腌制的盐或醉制的酒精浓度都不足以杀灭嗜盐菌和寄生虫,因此不要吃醉活虾等淡水产品,尽量少吃成炝蟹等海产品。海产品的生鱼片近年来吃的人越来越多,但是它对原料的新鲜卫生和加工睹藏的安全卫生等要求特别高,一旦一个环节出问题,安全就没保证。

看季节。夏季是食用海产品的高危时期,特别要防范生物危害引起的食物中毒。冬春季吃海鲜较安全,最好吃水质好、赤潮少的地区出产的海鲜。春季是河豚产卵季节,也是食用河豚中毒的高危险期。

孕妇及婴幼儿应少吃水产品

对孕妇来说,特别要控制好吃鱼的种类和数量,孕妇吃水产品每星期不要超过190克,以免过量食用受污染的鱼给下一代带来风险。至于婴幼儿和青少年虽然没足够数据来评估,但也应该参照孕妇的标准,控制好吃鱼的种类和数量。

4. 如何选购淡水活鱼?

质量优良的活鱼好动,在水中游动活泼,对外界的刺激有敏锐的反应,体表有一层清洁透亮的黏液,身体各部分口、眼、鳃、鳞等均完整无伤残。如鱼行动迟缓,不能立背游动,身上有伤残的为次品。

新鲜鱼的眼澄清而透明,并很完整,向外稍有凸出,周围无充血及发红现象;不新鲜鱼的眼睛多少有点塌陷,色泽灰暗,有时由于内部溢血而发红;腐败的鱼眼球破裂,有的眼睛瞎瘪。

新鲜鱼的鳃颜色鲜红或粉红,鳃盖紧闭,黏液较少呈透明状,无异味;若鳃的颜色呈灰色或褐色,为不新鲜的鱼;如鳃颜色呈灰白色,有黏液污物的,则为腐败的鱼。

新鲜鱼表皮上黏液较少,体表清洁;鱼鳞紧密完整而有光亮;

用手指压一下松开,凹陷随即复平;肛门周围呈一圆坑形,硬实发白,肚腹不膨胀。新鲜度较低的鱼,黏液量增多,透明度下降,鱼背较软,苍白色,用手压凹陷处不能立即复平,失去弹性;鱼鳞松弛,层次不明显且有脱片,没有光泽;肛门也较突出,同时肠内充满因细菌活动而产生的气体并使肚腹膨胀,有臭味。

鱼不是越大越好

鱼的品种不同,体型也各不相同。从安全性来看,应选择草食性的小鱼,少挑些食肉型的大鱼。比如,鲫鱼、草鱼在自然环境中吃草、浮游生物,重金属等化学污染较少;而黑鱼、鳜鱼、鲈鱼等凶猛吃肉的鱼,越大可能越不安全。它们高居水生食物链的上层,各种危害物在体内富集较多。尤其这些鱼的内脏、皮和头部,有害重金属含量较高。所以,挑鱼要看成熟度,那些还没长大的小鱼,肉质还不鲜美肥腴;但鱼到了成熟期,就不一定是越大越好了,应该挑成熟期的适中型鱼较好。

5. 如何选购海水鱼?

海水鱼品种很多,市上一般都为冷冻鱼。常见的冷冻鱼有带鱼、鲳鱼、黄花鱼、大黄鱼、白姑鱼等。冷冻鱼外层有冰,又很硬实,当其温度在零下6~零下8℃时,用硬物敲击能发出清晰的响声。选购时可从下面几个方面来观察:

质量好的冷冻鱼,眼球饱满凸起,新鲜明亮;眼睛下陷,无光泽的则质次。

质量好的冷冻鱼,外表色泽鲜亮,鱼鳞无缺,肌体完整;如果皮色灰暗,无光泽,体表不整洁,鳞体不完整的为次品。

质量好的冷冻鱼,肛门完整无裂,外形紧缩,无浑浊颜色;如果肛门松弛、突出,肛门的面积大或有破裂的为次品。

识别变质冷冻鱼

变质冷冻鱼解冻后,肌肉弹性差,肌纤维不清晰,闻之有臭味。贮存过久的冷冻鱼,若鱼头部有褐色斑点,腹部变黄的,说明脂肪已变质,这种鱼不可食用。冷冻鱼一旦解冻,极易变质,买回来的冷冻鱼应及时食用,解冻后的鱼不要再放入冰箱内第二次冷冻。

6. 如何选购虾类?

新鲜虾的皮壳发亮,雌海虾呈青白色。当虾体变质分解时,即与蛋白质脱离而产生虾红素,使虾体泛红,虾的头背部发黑。

新鲜的虾头尾与身体紧密相连,虾身有一定的弯曲度。

在虾体头胸节末端存在着被称为"虾脑"的胃脏和肝脏。虾体死亡后易腐败分解,并影响头胸节与腹节接连处的组织,使节间连接变得松弛。如在购买冰冻虾时,发现虾头和身体结合得松松的,拎起来后头部和身体之间有缝儿,虾头会拉开奋拉下来,说明虾死亡的时间比较长,已不新鲜了,最好不要购买。

鲜活的虾体外表洁净,触之有干燥感。但当虾体将近变质时,甲壳下一层分泌黏液的颗粒细胞崩解,大量黏液渗到体表,触之就有滑腻感。

新鲜虾气味有点正常的虾腥气,没有异常的气味。死亡时间长的虾一闻就有一股氨的臭味,氨味越大越不新鲜,尤其在加热后更明显。还有一些虾是近海养殖的,打捞时受到渔船的柴油污染,闻起来会有柴油味,也不要购买。

劣质虾的营养价值下降较多,如果在不洁环境下长时间存放的,有可能感染致病菌等微生物,不能再食用。

7. 如何选购蟹类？

春秋两季吃蟹最合适，因为此季节的蟹最肥，含有的蟹黄最丰富。如果在其他季节看到这样有丰满蟹黄的蟹，就很不正常，可能在养殖过程中使用了激素或其他促生长发育的物质，最好不要购买。

蟹壳呈青灰色，有光泽，腹为白色，色泽光亮的螃蟹多肉厚壮实；壳背呈黄色的大多较瘦弱。肚脐突出饱满的，一般都是膏肥脂满；肚脐凹进去的，大多膘体不足。新鲜蟹类步足和躯体连接紧密，提起蟹体时，步足不松弛下垂。不新鲜蟹类在肢体相接的可转动处会明显呈现松弛现象，以手提起蟹体，可见肢体向下松垂现象。将螃蟹翻转身，腹部朝天，能迅速用螯足弹转翻回，爬得快、活力强，吐泡沫多并有响音，这样的蟹可保存较长时间；凡不能翻回的，活力差，存放时间不会很长。

蟹体内被称为"蟹黄"的物质，是多种内脏和生殖器官所在。当蟹体在尸僵阶段时，"蟹黄"是呈现凝固状的。不新鲜的蟹类，即呈半流动状。到蟹体变质时变得更稀薄，手持蟹体翻转时，可感到壳内的流动状。

如闻到海蟹有腥臭味，说明已腐败变质，不能再食用。食用腐败变质的海蟹极易造成食物中毒。

8. 如何选购、食用贝类？

贝类从产地到市场销售，中间环节应有暂养、杀菌过程。暂养一般使贝类自身体内淤积的脏物通过排泄进行清肠，再通过暂养循环水，排到池外，保持水质流畅清澄。杀菌工序一般分两种情况,一种是臭氧进行间隔式杀菌,另一种是紫外线照射杀菌,也可以两者交替进行。暂养与杀菌过程一般需7~10天方能上市。

消费者选购时,要看清存放贝类的水质是否清澄,有否排泄物。贝类产品在暂养、流通、销售各环节中容易受环境影响被污染或变质,所以消费者应尽量在超市、大型批发市场等正规渠道购买贝类产品,在食用时尽量不要生食或食用未煮熟的贝类产品。

9. 如何选购海参?

海参是海参纲动物的通称,种类繁多,我国沿海出产可供食用的有梅花参、刺参等20多种。古人发现"其性温补,足敌人参",因补益作用而得名。海参肉质软嫩,营养丰富,是典型的高蛋白、低脂肪食物,是海味"八珍"之一,与燕窝、鲍鱼、鱼翅齐名。

海参以体大,皮薄,个头整齐,肉肥厚,形体完整,肉刺齐全无损伤,光泽洁净,颜色纯正,无虫蛀斑且有香味的为上等品。还要求开口端正,膛内无余肠泥沙,灰末少,干度足,水发量大(即膨胀率大)。

质量一般的海参,个头整齐,肉刺稍有损伤,参肉稍薄,少香味,个别有化皮现象,膛内余肠沙质较少,但干度足。

质量差的海参,个头不整齐,参肉瘦,有化皮现象,干度差,含水分高,手捏参体很松软。

挑选技巧

首先要看海参的外观。海参的体色主要与栖息环境有关,一般呈褐色,但生活在岩礁附近的海参与生活在泥沙、碎石底的海参相比较,前者的颜色往往较深。生活在海藻间者,常带有绿色,有时变成赤褐色或紫褐色。所以,颜色并不反映海参的好坏。

好的海参刺粗壮而挺拔,也就是俗称的短、粗、胖,而劣质海参的刺长、尖、细。野生海参要 3 年以后才能长成,而只有达到 3 年以上的海参才会有粗壮的刺,才会具有丰富的营养价值。

第二是闻味道,有鲜美味道者为好参。不同海域里的海参的味道也有不同。好的海参闻起来有股鲜美的味道,劣质海参则有股怪味、腥味。如果闻着海参有药品的味道,那就更不能买了,里面可能掺有添加剂。

第三,用手感知海参是最直接准确的挑选方法。用手摸,首先要判断海参潮湿不潮湿,有的海参水分严重超标,用手一摸就能感觉到。摸的最大学问在于手感。好的海参手感特别好,有弹性,而那些质量不高的海参摸起来发软,缺乏弹性。

10. 如何选购与食用海蜇?

海蜇,俗称为海蛇、水母等,是生活在海中的一种腔肠软体动物,体形半球状,上面呈伞状,白色,借以伸缩运动,称为海蜇皮,下有八条口腕,其下有丝状物,呈灰红色,叫海蜇头。

海蜇毒液蜇伤人体后可造成程度不同的损伤,如海黄蜂水母,刺丝可分泌类眼镜蛇毒,对人类危害最大,蜇伤后 5 分钟即可致人死亡。海蜇毒素在刺丝囊内贮存和分布,1 克刺丝囊含有 5500 万个单刺丝囊。预防海蜇蜇伤最重要之处在于避免与海蜇接触,捕捞时尽量用工具而不直接接触海蜇须。一般在捕捞后,经加工处理其毒性可迅速消失。

海蜇需经三次腌制才能食用

海蜇从海水里捞出后,不但含水量在 70% 以上,而且还含有毒肽、组胺、5-羟色胺等有毒分泌物,必须经过食盐和明矾的三次腌渍,脱去大量水分和分泌毒液后才能食用。

市场上有些不法商贩常将只经过二次腌渍的"二矾海蜇"加以

出售,以牟取暴利。但"二矾海蜇"不能食用。"二矾海蜇皮"的外观呈半透明冻胶样,还有软酥的白色麻腐状,用手轻轻压挤一下就有液体溢出;"二矾海蜇头"肉层中心有软而白色的冻胶样物,味道涩、滑,若误食,会引起畏寒、腹泻、恶心、呕吐等胃肠道疾病。

11. 如何选购海蜇皮?

优质的海蜇皮呈白色或淡黄色,有光泽,通常是越白越好;无红衣、红斑和泥沙;闻之无腥味、无异味,此为上等品。用手轻捏一下,肉体坚实有韧性,一般是蜇体完整,体形越大、肉越厚的越好;试食之,以口味纯正,咬起来有"咯咯"声,又脆又嫩、肉质适口、不塞牙的为佳。劣质的海蜇皮色泽变深,闻之常有异味,用手轻捏会感到韧性差、易碎裂,口感也不行。

12. 如何选购海蜇头?

正常的海蜇头呈红黄色,有光泽;用手拿起,海蜇头肉层完整而坚实,不带沙子和其他杂物;无异味和脓样液体;尝之脆嫩。变质的海蜇头,呈紫黑色,用手抓取海蜇头容易破裂;有异味和有脓样液体;尝之肉质发酥。

13. 怎样挑选甲鱼?

甲鱼不属于鱼类,它和乌龟同属龟鳖目,学名叫鳖。甲鱼滋味鲜美,肉质细嫩而且营养丰富,甚至有人把它当做滋补品。

怎样鉴别甲鱼的质量

不管野生或人工养殖的,都有质量好坏之分,下面介绍怎么看甲鱼质量的优劣。

第一是看大小：体重一般 700～800 克，体型较瘦为最佳，太大或太小都不好。

第二是看雌雄：最好选购雄性甲鱼，因为雄性味美质优，可食部分多。辨别方法：雄的尾长，尾部伸出甲背外；雌的尾短，不露于甲外。

第三是看河沙：甲鱼有河鳖、沙鳖两种。河鳖的甲背青色，质量优、口感好。沙鳖的甲背带黄色，质量稍差。

第四是看强弱：甲鱼生性凶猛，极易咬人，尤其是野生甲鱼。抓甲鱼的时候可以扣住甲鱼的后腿腋窝处，这样它的头够不到你的手。把甲鱼翻过来，腹部朝天平放在地时四脚乱蹬，很快翻转过来并逃跑迅速的是好甲鱼；活动不灵活、翻转缓慢、四脚微动甚至不动的甲鱼就别买了。

哪些人适合吃甲鱼

甲鱼蛋白质含量高、脂肪较少，适宜体质衰弱、营养不良的人食用。有些病患者可以适当吃些甲鱼，如肺结核、糖尿病以及低蛋白血症患者等，各种类型的癌症患者在放疗、化疗后也可以适当食用。

哪些人不能吃甲鱼

甲鱼多吃会导致食欲缺乏，消化功能减退，患有慢性肠炎、慢性痢疾、慢性腹泻的人不能吃，孕妇或产后体质虚弱、腹泻者也不能吃。

死的甲鱼肉有毒不能吃

最后一定要注意：死的甲鱼不能食用，因其死后含的组氨酸在脱羧酶作用下产生组胺毒物，食后会引起组胺中毒。所以甲鱼一定要买活的，自然死亡的甲鱼千万不能吃。

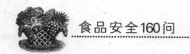
14. 如何选购与食用海带?

市上有发好的湿海带和干海带两种。干海带又有加盐和不加盐的区别。以不加盐的淡海带的质量为佳,并以体质厚实、形状宽长、色呈浓厚或深褐、有光泽和弹性的为优质。

海带的正常颜色为深褐色,经盐制或是晒干后呈现自然的墨绿色或深绿色,在购买时若是遇到颜色过于鲜艳的要谨慎选购,另外,海带买回家在清洗时若是发现水色异常,不宜再食用。

优质海带的叶子较宽,并且在其表面应有白色霜粉状物质,这是因为海带中含有丰富的碘与甘露醇,其多为粉状附在海带表面;另外,海带在经加工捆绑后应该无泥沙,在购买时要选整洁干净的海带,注意观察是否有霉变。海带在选购前可先用手摸一下,一般优质海带摸起来不黏手。

注意事项

海带适合绝大多数人食用。特别适宜缺碘人群、精力不足、气血不足及肝硬化腹水和神经衰弱者食用。适宜缺碘、骨质疏松、高血脂、高血压、糖尿病、营养不良性贫血者食用。

但是,孕妇与乳母不可过量食用海带。脾胃虚寒者、甲亢碘过盛型的病人忌食海带。

15. 如何选购与食用咸鱼?

咸鱼,是指用盐腌渍后晒干的鱼。过去没有低温保鲜技术,鱼很容易腐烂,世界各地沿海的渔民都有以此方法保存鱼。现在市场上有各种各样风味的咸鱼,味道美,且可长期存储,深受广大消费者的喜爱。

鉴别咸鱼首先应观察鱼的体表是否因脂肪氧化而形成黄色锈斑，或因嗜盐性细菌的作用而引起鱼体发红。当用手触及鱼体时，是否有发黏和腐败现象。优质咸鱼色泽鲜亮；次质咸鱼色泽暗淡，不鲜明；劣质咸鱼表面发黄或是发红。

其次看鱼的鳃内、肛门和腹腔等处有无蛆虫。对于一般晾晒的咸鱼，观其鱼肉是否正常，肉与骨骼结合得是否紧密。优质咸鱼外形完整，无破肚或是骨肉分离的现象，体形平展，无污物，无残伤，肉质致密结实，有弹性；次质咸鱼肉质稍软，弹性较差；劣质咸鱼肉质疏松且易散开。

如果鱼体外表不清洁，不整齐，肉质酥松，表层覆盖黄色锈斑，手触鱼体发黏，手指捻搓肉丝成团，并有腐败的臭气，特别是在鳃内、肛门等处，有跳跃虫、节虫存在，就不能食用了。

16. 如何选购水产干货？

水产干货是采用干燥或者脱水方法除去水产品中的水分，或配以其他工艺（调味、焙烤、拉松等工艺）制成的一类水产加工品。

墨鱼干

墨鱼干是用鲜乌贼加工制成的干品。优质的墨鱼干体形完整，色泽光亮洁净，肉体宽厚、平展，呈棕红色半透明状，具有清香味，身干，淡口。如局部有黑斑，表面带粉白色，背部暗红的则为次品。

鱿鱼干

市场常见的鱿鱼干有长形和椭圆形两种，长形的为鱿鱼淡干品，椭圆形的是枪乌贼淡干品，品质以前者好于后者。优质的鱿鱼干身干坚实，体形完整，光亮洁净，肉肥厚，呈鲜艳的干虾肉似的浅粉色，体表略现白霜，淡口。如体形部分卷曲，尾部、背部红中透暗,两侧有微红色的为次品。

鲍鱼干

鲍鱼干是用鲜鲍鱼洗净煮熟晒干后制成的干制品。优质的鲍鱼干体形完整,大小均匀,干燥,结实,色泽淡黄或粉红色,呈半透明状,闻之微有香气。如体形不太完整、有残缺,背部略带灰暗、黑色,不透明,或者外表具有一层白粉的则为次品。

章鱼干

章鱼干是用真蛸、短蛸和长蛸加工制成的干品。优质的章鱼干体形完整,肉体坚实、肥大,爪粗壮,体色呈柿红或棕红且鲜艳,表面附有白霜,有清香味,身干,淡口。如色泽紫红带暗的为次品。

干贝

主要是用贝类中的扇贝、江瑶贝和明贝,经煮熟,将其闭壳肌剥下、洗净晒干而成的干品。优质的干贝体形完整,大小均匀,无杂质,肉丝清晰,坚实饱满,色浅黄而有光泽,有特殊的香气,味鲜,盐淡。颗粒大小不均匀,色泽不正,盐重的为次品。

17. 如何鉴别有毒物质泡发的水产品?

一些不法商贩故意在水发水产品中加入工业双氧水、工业氢氧化钠和甲醛等工业化学品,用以漂白、涨发和防腐。这样不仅可以使水发水产品保鲜期延长 3～5 倍,并且产品外观鲜亮、形状饱满、光泽好。

购买水发产品时,要特别注意识别甲醛浸泡的水产品。甲醛是一种高毒性的化学物质,被确定为Ⅰ类致癌物,即对人类及动物均致癌。35%～40%的甲醛水溶液叫做福尔马林。新鲜正常的水产品均带有海腥味,但经甲醛浸泡的水产品看起来特别亮、特别丰满,有的颜色会出现过白、手感较韧、口感较硬。如甲醛加入过多,凑近一闻会有轻微的福尔马林的刺激味,细嚼时会有刺激感。有人以为用水浸泡鱿鱼、鱼虾就能够去除甲醛。其实甲醛被吸收进入水产品肌体后,单靠泡水很难释放出来,浸泡几天也去除不了甲醛。

用甲醛、工业氢氧化钠、工业双氧水等有毒物质泡发的水产品会变白、变大、变脆。因为这些有毒物质大多有漂白作用,处理后的水产品颜色明显比处理前要白要浅,也比一般正常的水产品白而浅,看起来不自然。而且白得很均匀,不像正常水产品颜色有深有浅。所以,发现水产品非常白,超过其应有的白色,应避免购买和食用。此外,浸泡过甲醛的水产品一般表面比较坚硬、较有光泽、黏液较少,体表色泽比较鲜艳,眼睛一般比较浑浊。鱿鱼、虾仁,外观虽然鲜亮悦目,但色泽偏红,整体看来比较新鲜。用手触摸表面感到较硬,手感滑腻、肉质较脆,用手捏一下很容易碎裂。

用工业氢氧化钠泡发的水产品,如虾仁等都很大,肉质松软无弹性。看起来肥胖的虾仁,放入锅里一炒,体积缩小了一半,吃起来口感平淡无味。

以上这些方法并不能完全鉴别出水产品是否使用了甲醛等有毒物质。若用量较小,或者已将鱿鱼、海参、虾仁加工成熟,加入调味料,就较难辨别了。所以在外面吃虾仁、鱿鱼花之类的菜肴,一定要选择信誉好、食材严格把关的饭店。

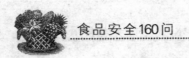

五、豆制品的选购与食用

豆制品是以大豆或其他杂豆为主要原料加工制成的。按生产工艺可分为发酵性豆制品和非发酵性豆制品。发酵性豆制品主要包括腐乳、豆豉等,非发酵性豆制品主要包括豆腐干、豆腐皮、腐竹、茶干等。

1. 如何选购豆制品?

消费者在选购豆制品时,最好到有冷藏保鲜设备的副食商场、超级市场购买。要选购具有防污染包装的豆制品,不要选购散装的豆制品。一般来说,真空袋装豆制品要比散装的豆制品卫生,保质期更长,携带也更方便。

购买时要注意查看,袋装豆制品是否标签齐全,生产日期与购买日期是否接近,是否是真空抽得彻底的完整包装。要注意观察豆制品的色泽,不要买那些过鲜过亮的产品。还要注意闻豆制品的气味,不买有异味的豆制品。一次买的量不要太多,要及时食用,否则应放在冰箱里保存。若是发现豆制品的表面发粘了,就不能再食用。

2. 如何选购豆腐?

豆腐,是我国主要绿色健康食品之一。豆腐生产工艺距今已将近有二千一百多年的历史,深受我国人民的喜爱。豆腐营养丰富,含有铁、钙、磷、镁和其他人体必需的多种微量元素,还含有糖类、植物油和丰富的优质蛋白,素有"植物肉"之美称。豆腐的消化吸收率达 95% 以上。

豆腐不含胆固醇,是高血压、高血脂、高胆固醇症及动脉硬化、冠心病患者的药膳佳肴。也是儿童、病弱者及老年人补充营养的食疗佳品。

我国的豆腐分为南、北两种。质量良好的南豆腐外表柔软、鲜嫩、整齐、无破裂,色泽洁白,口感细腻,味道鲜美。北豆腐外形见方,块均匀,四角平整,薄厚一致,色乳白。北豆腐的组织结构紧密,富有弹性,与南豆腐相比,较粗糙并有少量杂质。一般好的豆腐切面应不出水,表面平整,无气泡,盒装豆腐拿在手里摇晃豆腐无晃动感,开盒可闻到少许豆香气,倒出切开能不坍不裂、切面细嫩,尝之无涩味。无论南豆腐还是北豆腐,都含有较多的水分,在高温下易变质。因此凡有发黏、变色和有酸臭味的变质豆腐一定不能食用。

选购和食用时还要注意一些细节。有些豆腐注明"可凉拌食用"。至于没标可凉拌的,还是别凉拌为好,安全第一。切莫轻易凉拌,若要吃拌菜应尽量加热冷却后再凉拌食用。

注意事项

在选购时尽量选择真空包装的豆腐,相比较而言,真空包装的豆制品原则上要比散装的豆制品卫生、携带较方便且保质期要长,但是一定要选择真空抽得彻底的完整包装。

豆制品最好是现买现吃,若是无法一次吃完,最好低温保藏,若是豆制品表面发现有发黏现象,则不宜再食用。

豆腐含嘌呤较多,嘌呤代谢失常的痛风病人和血尿酸浓度增高的患者多食易导致痛风发作,特别是痛风病患者要少食。

3. 如何选购豆腐干?

豆腐干和豆腐片是半脱水的豆制品,它们的含水量均显著低于豆腐。豆腐干经过压榨脱水、切干而制成,也叫大白干、白豆腐干。选购时以颜色白净或浅黄色,薄厚均匀,四角整齐,柔软有劲,无杂质无异味的为佳。用手按压,质地细腻,有一定弹性,切开处挤压不出水,无杂质,具有豆腐干特有的清香气味,滋味纯正。不能购买呈深黄色或微发红发绿的,无光泽、质地粗糙、无弹性、表面黏滑切开时黏刀,切口挤压时有水流出,有馊味、腐臭味、酸味、苦涩味等不良气味的。

4. 如何选购腐竹?

腐竹是人们很喜爱的一种传统食品,具有浓郁的豆香味,同时还有着其他豆制品所不具备的独特口感。

腐竹是煮沸的豆浆在降温的过程中,表面所结成的薄膜,呈乳白色或淡黄色,有光泽,晾干后形似竹条,故名。

外观颜色应为淡黄色,蛋白质呈纤维状,迎着光线能看到一丝一丝的纤维组织。用手摸上去易碎的腐竹,质量较好。可取几块腐竹在温水中浸泡 10 分钟左右(以软为宜),质量好的腐竹泡出来的水是淡黄色的且不浑浊。

优质腐竹颜色呈现淡黄色且有光泽;而劣质腐竹一般呈灰黄色、黄褐色或是深黄色,暗而无光。

优质腐竹的外形为片叶或枝条状,易折碎,条状折断后有空心,无虫蛀、无霉斑;劣质腐竹在外形上与优质腐竹相比一般无太大差别,但是有较多的折断的枝条或碎块,且大多为实心条,有的甚至会发现有霉斑或是虫蛀。

优质腐竹闻起来具有腐竹所固有的香味,无其他的杂质气味;而劣质腐竹闻起来香味较淡,有的甚至有酸味、霉味等不良气味。

优质腐竹吃起来口感好,具有本品应有的鲜香;而劣质腐竹吃起来滋味平淡,有的甚至有苦涩味或是酸味等异味。

5. 如何选购豆腐片(百叶、千张)?

豆腐片是半脱水豆制品,华北人叫豆腐片,东北地区称之为"干豆腐",而南方则称其为"百叶"或"千张"。

其形为薄片状,可层层叠起,像厚厚的书页,薄豆腐片为黄亮色。质量良好的豆腐片一般都不见白边白头,允许一张上有 2 个小指头大小的花洞或出现两条细小的短裂缝。

从外观来看,华北地区的豆腐片最厚,东北地区的干豆腐较薄,江浙地区的百叶有厚薄两种,最薄的一尺(约 33 厘米)厚的可达数百张,故名千张。

从口味来看,东北的干豆腐和南方的百叶无味,而华北地区的豆腐片大都加入食盐、大料、小茴香、桂皮、花椒等调味料煮制半小时,所以也叫五香豆腐片。

选购时注意:厚百叶应为乳白色,薄百叶亮黄色,有豆香味,厚薄均匀,不见白边白头,允许一张上有两个小指头大小的花洞或出现两条细小的短裂缝。劣质百叶色泽灰暗而无光泽,有酸臭味、馊味或其他不良气味。

质量良好的豆腐片色白味淡,柔软而富有弹性,薄厚均匀,片形整齐,具有豆腐的香味,如果发现豆腐片变色、变味,说明它已经变质,绝不能食用。

6. 如何选购臭豆腐?

尽管各地臭豆腐制作方法不同,但大部分地区的传统臭豆腐是通过发酵做出来的。臭豆腐的臭味是因为豆腐发酵起作用,豆腐中所含蛋白质在蛋白酶的作用下分解,其中的含硫氨基酸被分解产生一种叫硫化氢的化合物,这种化合物具有特殊的臭味,所以"闻着臭"。经过微生物作用后,豆腐中的大豆蛋白质分解后产生了各种鲜味氨基酸,因为这些氨基酸具有鲜美的滋味,所以"吃着香"。

现在黑心的牟利者通过加化学品迅速地制作出臭豆腐,这种"化学"臭豆腐有微生物和化学双重危害。那么,怎么鉴别真假臭豆腐呢?

仔细看,传统臭豆腐乳白底中夹浅灰黑,经发酵豆腐里外的质地都变了。油炸后呈金黄色,有股豆腐卤的微香,香气悦鼻,口感松软,味道鲜纯。"化学"臭豆腐表面是染色的,里面还是白豆腐坯子,没发酵痕迹。表面多褐色斑点,油炸后呈焦黄色,闻着臭中有异味,口感较硬,而且苦涩。

7. 如何选购与食用豆浆?

豆浆,是将大豆用水泡后经磨碎、过滤、煮沸等程序制作而成。豆浆营养丰富,易于消化吸收,高血压、动脉硬化者常食有益。此外,豆浆中还含有铁、钙等矿物质,尤其含钙较高。豆浆深受我国人民的喜爱,又是一种老少皆宜的营养食品,在欧美享有"植物奶"的美誉。

怎样煮豆浆

豆浆一定要充分煮熟再喝。因为生豆浆中含有一种称为皂苷的物质,皂苷如果未熟透进入胃肠道,会刺激胃肠黏膜,使人出现一些中毒反应,如恶心、腹痛、呕吐、腹泻、厌食、乏力等。

那么豆浆应该怎样煮才算熟?

当生豆浆加热到 80～90℃ 的时候,会出现大量的白色泡沫,很多人误以为此时豆浆已经煮熟,但实际上这是一种"假沸"现象,此时的温度不能破坏豆浆中的皂苷物质。正确的煮豆浆方法应该是在 100℃ 的条件下,加热约 10 分钟,使泡沫完全消失,才能放心饮用。

8. 如何选购豆腐乳?

豆腐乳是我国独创的传统名品,既可单独食用,也可用来烹调风味独特的菜肴。豆腐乳可分为青、红、白三种。青腐乳颜色为青白色,外形完整、质地柔软、气味独特,即"香中带臭,臭中带香";红腐乳多为红色或是枣红色,里面为杏黄色,闻起来具有发酵食品所特有的香味,尝起来则咸淡适宜,味道鲜美,质地细嫩,无杂质;白腐乳表面呈乳黄色,带有浓厚的酒香味。

腐乳的饱和脂肪含量很低,不含胆固醇,还含有大豆中特有的保健成分大豆异黄酮。大量研究结果表明,腐乳中蛋白质含量及其消化性能,可以与动物性食品相媲美。

注意事项

腐乳中必须放很多盐才能帮助防腐,含盐量因品种有所差异,多数品种的平均含钠量能达到 2％至 3％,相当于含盐量 5％至 7.5％。人们要想享受腐乳的营养价值和健康好处,就要用它来替代三餐中的盐,而不能在吃同样多盐的前提下再增加摄入腐乳,即不能增加每天摄入的总盐量。

由于腐乳发酵时易被微生物污染,从而产生含硫化合物,而且嘌呤含量普遍较高,因此心血管病、痛风、肾病及消化道溃疡患者最好少吃或不吃。

六、蔬菜及蔬菜制品的选购与食用

新鲜蔬菜不但色泽鲜艳,味嫩爽口,而且营养价值高。但是,蔬菜从收割到到达消费者手里,整个流通过程的各环节都会影响到它的品质和营养价值。

1. 如何选购蔬菜?

选购蔬菜,要注意以下几点:

第一,应选购生长苗壮,具有本品种正常颜色、正常外观的蔬菜。无论选购何种蔬菜,都需要认真地察看其颜色、形状、鲜度。形状、颜色正常的蔬菜,一般是用常规方法栽培的,不会超量使用激素等化学品。有的蔬菜颜色不正常。也要提高警惕,比如菜叶失去正常的绿色而呈现墨绿色、碧绿异常等,这说明在采收前可能喷洒或浸泡过甲胺磷农药,不能选购。不新鲜的蔬菜常有萎蔫、干枯、损伤、病变、虫害侵蚀等异常形态,也不能选购。

第二,不买气味异常的蔬菜。蔬菜如有刺鼻农药味,说明农药污染严重;若表面有臭味、刺激性气味或者不正常怪味的,则很可能刚施喷农药不久,这样的蔬菜当然也不能购买。为了使有些蔬菜更好看,不法商贩用化学药剂进行浸泡,如硫、硝等,这些物质有异味,而且不容易被冲洗掉。

2. 为什么要少选反季节和长途运输的蔬菜?

顺应自然是最好的健康法则。许多蔬菜的营养价值会随着季节的变换而发生变化,如 7 月份的番茄,维生素 C 的含量是 1 月份番茄的 2 倍以上。比起吃反季节的蔬菜,选择时令蔬菜更好。另外,反季节蔬菜以大棚菜为主,大棚中气温较高,不利于农药降解,使它们大部分残留在蔬菜上。如果非要购买反季节蔬菜,也要同时多买些茄子、洋葱、胡萝卜等,这类蔬菜中农药残留物较少。

有些异地长途贮运的农产品需要使用植物生长调节剂。比如,冬季北方的果蔬较少,要从南方运过来。为防止果蔬在长途贮运过程中变质,很多果蔬在未成熟时就采摘,等到北方销售地时再使用催熟剂加速成熟。

如果是采用无公害食品规定栽培的反季节蔬菜,技术上能够得到保证,生产出来的蔬菜同样具有丰富营养和香甜口感,其品质和正常季节的产品并没有多大区别。

3. 为什么蔬菜越新鲜越好?

新鲜蔬菜不但色泽鲜艳,味嫩爽口,而且营养价值高。但是,蔬菜从收割到到达消费者手里,整个流通过程的各环节都会影响到它的品质和营养价值。所以,蔬菜最好是当天买当天吃。将蔬菜存放几天再吃是不妥的,因为蔬菜含有硝酸盐。硝酸盐本身无毒,但储藏一段时间后可还原成亚硝酸盐,亚硝酸盐在人体与蛋白质类物质结合,则可生成致癌性物质。所以,新鲜蔬菜在冰箱内储存也不应超过 3 天。

购买地点

最好到人流量大的超市或者在正规农贸市场的固定摊位选购蔬菜,菜卖得快则会相对新鲜。目前,市区大型食品超市及多数农贸市场已建立快速检测系统,对市场内销售的蔬菜每日进行抽检并公示,因此在正规市场上购买蔬菜可以放心些,万一出现卫生问题也容易处理。注意不要被所谓的"特价菜"吸引,味道、口感和营养都变差的蔬菜,再便宜也不值得购买。

4. 如何减少蔬菜农药残留的危害?

蔬菜最大的安全问题是农药残留所造成的危害。遗憾的是,现代农业已经离不开农药了,我们只能要求蔬菜中的农药残留量在安全范围以内。

那么,怎样减少蔬菜农药残留对健康的危害呢?大致要注意以下几点。

夏季要尽量少吃"高危蔬菜"

夏季的叶菜类是农药残留量超标的高危品种,以韭菜、青菜、鸡毛菜、芹菜、小白菜、油菜为主,还包括卷心菜、芥菜、刀豆、豇豆等。这些蔬菜容易有菜青虫、小菜蛾、蚜虫等虫害。这些菜的叶面大,接触农药的面积也大,所以农药残留量相对较高。其中,油菜受农药污染的可能性最大,因为油菜上生长的菜青虫抗药性很强,普通的杀虫剂难以将其杀死,有的菜农为了尽快杀虫,会选择国家禁止使用的高毒农药。此外,对于鸡毛菜之类生长期短的蔬菜,菜农往往在喷洒农药后不多久就采收上市。因此,对这类蔬菜最好"敬而远之"。应该选择食用虫害较少、相对安全的蔬菜品种。

农药残留较少的蔬菜

青椒、番茄、马铃薯、胡萝卜等茄果类、根茎类蔬菜中农药残留量超标的现象较少。葱、蒜、洋葱、香菜等蔬菜,由于气味大,虫害少,用药量小,农药残留量也较少。莲藕、茭白等水生类蔬菜的农药残留量也不多。还有南瓜、冬瓜、地瓜、山药、冬笋、竹笋等同样属于农药残留量低的一类蔬菜。

彻底清洗蔬菜上的农药残留

食用蔬菜前应干净,尽可能除去残留的污染物,以保安全。主要有以下几种方法:

清水浸泡洗涤法:主要用于叶类蔬菜,如菠菜、生菜、小白菜等。一般先用清水冲洗掉表面污物,剔除可见有污渍的部分,然后用清水盖过水果蔬菜部分5厘米左右,浸泡应不少于30分钟。必要时可加入果蔬清洗剂以加快农药的溶出。如此清洗浸泡2~3次,基本上可清除绝大部分残留的农药成分。一定要注意把果蔬冲洗干净,因为清洗剂残留也会对人体造成损害。

碱水浸泡清洗法:污染蔬菜的农药品种主要为有机磷类农药,它在碱性条件下会迅速分解,一般在500毫升清水中加入食用碱5~10克配制成碱水,将初步冲洗后的水果蔬菜置入碱水中,根据菜量多少配足碱水,浸泡5~15分钟后用清水冲洗水果蔬菜,重复洗涤3次左右效果更好。

加热烹饪法:常用于芹菜、圆白菜、青椒、豆角等。由于氨基甲酸酯类杀虫剂会随着温度升高而加快分解,一般将清洗后的水果蔬菜放置于沸水中2~5分钟后立即捞出,然后用清水洗1~2遍后,即可置于锅中烹饪成菜肴。这样不但能去除大部分农药残留,还能除去硝酸盐等有害物质。

储存保管法:某些农药在存放过程中会随着时间推移缓慢地分解为对人体无害的物质。所以,耐储藏的蔬菜,如大白菜、南瓜、冬瓜等,储存一段时间(10～15 天),食用前再清洗并去皮,效果会更好。

清洗去皮法:蔬菜瓜果表面的农药残留相对较多,对于带皮的水果蔬菜,如黄瓜、番茄等,最好去皮后再食用,这样既可口又安全。比如切韭菜时,根部可多切掉些。

5. 虫子咬过的蔬菜更安全吗?

有的人认为,蔬菜叶片虫眼较多的,表明没有喷洒过农药,吃这种菜安全。其实,这种看法并不完全正确。因为菜"幼小"时叶片上留下的虫眼,会随着叶片的生长而增大,有很多虫眼只能说明曾经有过虫害,并不能表示后来没有喷洒过农药。而且,蔬菜表皮一旦为虫害损伤,各种病原微生物就会乘虚而入,导致蔬菜的茎、叶变质,味道变异,对人体健康就更为不利。

还有一种情况是:菜农发现蔬菜虫咬严重,往往会施用更多的农药,农药渗入虫咬过的菜叶内部,即使用水冲洗也不易去除。因此,不要购买虫咬严重的蔬菜。

有的蔬菜容易被害虫所青睐,称之为"多虫蔬菜";有的蔬菜,虫不大喜欢,称为"少虫蔬菜"。像青菜、花菜、大白菜、卷心菜等特别为害虫所青睐,因此不得不经常喷药防治,使得其药性残留强、污染重。"少虫蔬菜"的情况则相反。为了避免摄入过多的农药,平时应尽可能选吃"少虫蔬菜"。这类蔬菜主要有茼蒿、生菜、胡萝卜、洋葱、大蒜、韭菜、大葱、香菜等。

还要注意,卷心菜里会长一种"钻心虫",专爱钻到卷心菜最内层菜心里。有些菜农会使用高毒农药反复"灌心"杀虫,导致菜心的农药残留量增加。所以,千万别以为只要将卷心菜外面的叶子剥去,里面就是干净安全的。

6. 怎样选购豆芽？

豆芽是深受群众喜爱的一种传统食品。正常的豆芽闻起来会有一股天然的豆腥味；而加入了化学添加剂的豆芽闻起来会有一种酸臭味，有时还能闻出一股淡淡的氨水和农药味等其他异味。正常豆芽一般上市半天后即开始萎蔫，经光照后，其豆瓣将逐渐变绿，而根须逐渐变黑；而加入添加剂的豆芽存储时间一般较久，经一段时间的放置后色泽仍然光鲜白净，经光照后，豆瓣的颜色不发生改变，根须也不变黑。正常豆芽出水较少；而加入添加剂的豆芽在翻炒时会出很多水。选购豆芽一定要选有根的，芽茎不要太粗壮。没施农药的绿豆芽，豆芽皮是绿色的；施过农药的，豆芽皮是棕黑色的。

识别化肥豆芽

一些不法商贩为了使豆芽粗壮，在豆芽生产过程中施放大量化肥，大部分化肥在培养中被豆芽吸收。由于化肥基本都是含胺类化合物，在细菌的作用下可转变成亚硝酸胺，这是一种强致癌物质。人们在食用了此类豆芽后必然会对身体造成极大的伤害。

用化肥泡过的豆芽根短、少根或无根，其芽秆看起来较为粗壮且色泽呈灰白色，如果将豆芽折断，断面会有水分冒出，有的还残留化肥的气味。而自然培育的豆芽其豆芽秆挺直稍细，芽脚不软，有光泽，将豆芽折断无水分冒出。

7. 自己在家如何泡制豆芽？

想吃到安全的豆芽，可以自己动手泡制。

首先将挑选好的黄豆放入装有冷水的盆里放置一夜或是几个

小时,然后将水倒掉,找一块干净的布,打湿再拧干后盖住盆里的豆子,注意一定要盖严。接下来,每天用清水冲洗豆子,将清水倒尽,再将布洗净后拧干,盖严盆面。重复上述操作,几天后,豆子就长成豆芽了。

8. 如何选购与食用黄花菜?

黄花菜是一种多年生草本植物的花蕾,味道鲜美,还含有丰富的花粉、糖、蛋白质、维生素 C、氨基酸等人体所必需的养分。

鉴别黄花菜质量的简便方法是看、捏、闻。

看。质量好的黄花菜,其色泽应为浅黄、金黄,无混杂物,条身紧长均匀而粗壮。若色泽微黄带褐,条身短而蜷缩不匀,混有杂物的为下品。

捏。黄花菜的含水量不宜超过 15%,否则易霉变。用手抓一把黄花菜捏成一团,若手感柔软而有弹性,松手后每根黄花菜又能伸展开的,说明含水量适度。如果抓后松手,伸展缓慢或久不散开,说明含水量较大,不耐贮存。如质硬易断等,多是变质劣品经加工整理的。

闻。质量好的黄花菜,取少许闻一下,有爽心的清香气。如果有烟味,是烘焙过度或炉火烟染所致;若有硫磺气味,或发霉气味,是用变质黄花菜加工而成的,这些都不宜购买食用。

消费者在购买前首先要仔细检查其包装,看是否有标注完整的生产日期、厂家、厂址以及保质期等重要信息,为了避免买到劣质产品,消费者最好是去正规的超市或商场购买。

注意事项

黄花菜在食用前最好先用开水浸泡,再用清水浸泡 2 小时以上,洗净后即可食用。凡腐烂、变质的都要剔除干净,不能食用。

新鲜的黄花菜不能食用。鲜黄花菜含有秋水仙碱，进入人体后经过氧化会产生有毒物质，千万不能食用。

9. 如何选购与食用黑木耳？

黑木耳因其外部形态颇似人耳而得名，颜色深褐，是一种营养丰富、深受消费者喜爱的食品。

优质黑木耳，腹面乌黑光润，背面略呈灰白色；劣质黑木耳呈棕色，外观粗糙，粘结成块。如果黑木耳有白色（白霜）粉状附着物，是不法商贩掺入淀粉、滑石粉、硫酸镁、食盐等所致。

正常黑木耳质轻，翻动时有干脆沙响声，手感不硬。将木耳成把地紧捏，耳瓣在松手后立即散开者，表明木耳身干质好；掺假黑木耳，质重结块，稍捏易碎，如掺有糖、碱、淀粉等，则重而发软，手感潮湿。

取少许黑木耳放入嘴里嚼尝，正常黑木耳应是清淡、无味的，如有异味、怪味，则为掺假之品。如掺入红糖、饴糖的，有甜味；掺入食盐的，有咸味；掺入明矾的，有酸涩味；掺入碱的，有苦碱味；掺入硫酸镁或尿素的，有苦涩或不适的异味；掺入硫酸锌、食用胶的，感觉有异味，黏度大，有拉丝感。

用水浸泡看其胀发率，可取 5 克黑木耳放入水中浸泡，正常的黑木耳漂在水的表面，慢慢地吸水后再均匀悬浮在水中，一般黑木耳 1 份用水浸泡 1 小时后能胀发出 10 份以上重，质量越好其吸水胀发率也越大。优质黑木耳 1 份可吸水胀发出 12～15 份重；掺假的黑木耳 1 份，用水浸泡 1 小时后仅能胀发出 3～5 份重，因为掺假物大部分都溶解于水中了。同时，经水浸泡后的正常黑木耳，颜色呈棕黄带黑，富有弹性；而掺假的黑木耳，则颜色发棕黑，黏软，不具有弹性。

识别染色木耳

被染了黑色的劣质黑木耳,只要在手指尖上蘸一点唾液,在黑木耳上来回蹭几下,手指上或多或少就会被染上黑色。染色黑木耳用眼也很好辨认,未染色的黑木耳,正反面颜色有明显的差别,而染色木耳正反面颜色基本一致。

注意事项

黑木耳有抗血凝作用,所以家里如果有患出血性疾病、腹泻的人,应该少买或者不买黑木耳吃。

木耳不能挑新鲜的。因为鲜木耳中含有一种化学名称为"卟啉"的特殊物质。因为这种物质的存在,人吃了新鲜木耳后,经阳光照射会发生植物日光性皮炎,引起皮肤瘙痒,使皮肤暴露部分出现红肿、痒痛,产生皮疹、水泡、水肿。干木耳是新鲜木耳经过曝晒处理的,在曝晒过程中大部分卟啉会被分解掉。

10. 如何选购与食用酱菜?

酱菜,即为用酱腌渍的菜,是用新鲜的蔬菜作为原料制成的。首先,将新鲜蔬菜用盐腌渍成"咸菜坯",然后再用压榨的方法将"菜坯"中多余的水分榨干,再经不同口味的酱料,如酱汁、酱油等进行腌渍,目的是使酱品中的氨基酸、糖分等渗入到"菜坯"中,使之成为营养丰富、风味鲜美的酱菜产品。

质量好的酱腌菜质地饱满、色泽鲜亮;质次的酱腌菜色暗、质地或干瘪或酥烂,有霉斑和杂质。打开包装后闻闻是否有酱腌菜应有的香气,闻出酸败或霉味等异味的产品千万别食用。优质的酱腌菜质地脆嫩,有特有的鲜香味。

若是发现袋装产品已胀袋或是该产品的瓶盖发现有凸起,则该产品有可能被细菌侵入,不宜再食用。

识别添加剂酱菜

添加剂酱菜颜色看起来不自然,比一般酱菜要更加鲜艳,不要被其表面所蒙骗。正常酱菜的汤汁颜色与酱菜颜色相近且干净澄清;添加剂酱菜的汤汁颜色呈黄色,不太自然,另外汤汁浑浊,其中还含有杂质,有的酱菜表面发黏甚至还会出现白膜斑点样杂质。正常酱菜闻起来有一股纯正清香味;而添加剂酱菜则散发出一些工业染料的特殊气味,缺少了酱菜本品所具有的天然香气。正常酱菜的口味浓厚、纯正,具有酱菜所特有的酱香味与酸甜味;而添加剂酱菜吃起来则口感较差,有的较咸,有苦涩味。

11. 如何选购与食用酸菜?

优质酸菜的颜色清爽,其菜帮一般是微白透明的,而菜叶略带一点黄。优质酸菜的气味纯正,具有一股浓郁的酸香味,无霉味等其他杂质异味。优质酸菜富有弹性,而劣质酸菜则看上去发黏、发软。

优质酸菜煮出来的汤应呈浅黄色,而菜若是呈金黄色,则必定是劣质酸菜,那是加了工业色素所导致的。另外,若是吃起来感觉味道不好,最好不要吃。

注意事项

酸菜在食用之前,要多清洗,直到洗到水不变浑为止。

建议最好是去大的、正规的超市或商场购买,许多小卖店的酸菜是速腌菜,有的是加了冰醋酸快速腌渍而成的。

酸菜虽然味美,但是不宜多食,因为酸菜中含有一定量的亚硝酸盐,虽然亚硝酸盐在人体内可以很快被排出体外,但是如果人体内的亚硝酸盐的含量超过 200 毫克,则会对身体产生很大的危害。

12. 如何选购与食用榨菜?

榨菜是由鲜榨菜的根茎经盐腌、压榨、沥除卤汁加工而成的。榨菜产地很多,但主要产于四川、浙江两省,其中尤以四川涪陵和浙江海宁斜桥所产最负盛誉。榨菜营养丰富,不仅质地脆、嫩,具有清香、鲜辣、美味可口的特殊风味,而且能刺激味觉,增进食欲,是制作多种美味食品的佳肴,也是人们喜食的佐餐小菜。

榨菜质量总的要求是鲜、嫩、香、脆,咸淡适口,干湿适度(含水量在6%以下),块大而均匀,辣粉鲜红细腻等。鉴别时可用闻、看、捏、尝等方法。

闻。开坛时,闻有一股咸辣带有扑鼻清香,无生腥气的质量好。有酸辣气的质次。发臭的则已变质。

看。外观色泽鲜红,表面和裂缝处辣椒粉沾布均匀,菜块本身呈青翠色,菜块大而均匀,菜皮和老筋修净,圆整光滑,无黑斑烂点,无泥沙杂质的质量好。辣粉暗淡,菜块黄熟,大小不匀,表面不光洁,有斑迹的质次。如辣椒粉呈姜黄色、菜块酥腐的说明已变质。

捏。手捏菜块,肉质坚实而有弹性,光滑而柔软,搓之无发酥发滑现象,撕开的菜块干湿适度,块内断卤,水分不多的质量好。菜块过硬、过松,搓之发酥、发滑或脱皮,块内卤湿或有白心、空心的质次。

尝。口尝味道咸淡适口,无冲辣味,质地脆嫩无老筋或很少,鲜而有香气的质量好。过咸过淡,鲜辣味不足,有老筋、发硬、酥绵或外干内生的质次。色黑、变酸、发霉等则已变质。

13. 怎样吃野菜才安全?

现在不少人信奉"回归自然",喜欢吃野菜。一般而言,野菜含有的蛋白质、胡萝卜素、维生素 C 和微量元素等营养素比栽培的蔬菜高 10%～20%左右。但是不要以为所有的野菜都可以放心食用。现今吃的蔬菜在过去都是野菜,是先辈尝尽百草,将其中味道好、安全、有益于健康的野菜予以优化,栽培成供现代人食用的各种蔬菜。而现存的野菜则由于具有对环境很强的适应能力,能在恶劣环境中生存,不需打农药,不用施肥就可照样繁衍,但它们也可能有一般蔬菜所没有的成分,很可能具有某种毒性。

当然,野菜也不是绝对不能吃,关键是其含的有毒物的性质和数量。可按下述不同情况区别对待。

第一,对于有长期食用经历,且在实践中证实是无毒的野菜,如马兰豆、荠菜等,可以放心食用。

第二,有明显苦味的野菜,其常含有较多生物碱、配糖体;有明显涩味的野菜大多含有单宁,应少吃或不吃。可吃的品种也应先浸泡 2 小时以上,以去除配糖体、生物碱和单宁等,或用开水烫,清水漂洗,沥去苦味,烧熟后才能吃。

第三,对以前很少食用的野菜,在没有弄清其安全性之前,特别是有怪味的野菜,千万不要随意当可食野菜食用。

第四,已明确有毒的野菜不能食用,如天绿香、北乌头、野胡萝卜、苍耳子、毒蘑菇等。

采摘野菜要选择地点

生长在山区、荒野等地的野菜,由于生长环境优越,不易受到化肥、农药污染,可以采食。而在污染的河沟、垃圾场、工厂、公路附近土壤中生长的野菜,常含有较多的化学毒物、重金属,不应采集食用。

煮食要科学卫生

采野菜的时机最好选在大雨过后,而且宜现采现吃,忌吃隔夜的野菜。野菜烹调前宜用清水浸泡几分钟,把泥沙洗净。野菜不宜生吃,要煮熟,但时间不宜过长,也不要煮得过烂,否则清香味尽失。有些野菜同时也是中药,药性强,一次不要吃得太多,也不要长期食用,更不能空腹多食,以免出现不良反应。

出现下述情况不能吃

当野菜煮熟后仍有明显苦涩味或怪味的;煮熟后加入浓茶,若产生沉淀,表示有生物碱或重金属;煮熟后的汤水在振摇后产生大量泡沫,说明有皂碱。虽然这些方法不能鉴别所有野菜的毒性,但是能鉴别大多数野菜的毒性。

过敏体质不宜食用

平时服止痛药、磺胺药或吃某些食物、接触某些物质易发生过敏者,吃野菜应慎重。首次应少量食用,食后如出现周身发痒、水肿、皮疹或皮下出血等过敏症状,应立即停食野菜,并及时到医院诊治。

野菜中毒的症状大部分是面部水肿、腹泻、呕吐,出现血红蛋白尿,口唇、指甲、舌头呈青紫色或全身青紫、抽搐,甚至因呼吸中枢麻痹至死。对野菜中毒者,西医治疗一般采用催吐、洗胃、滴注葡萄糖盐水等方法。

过敏人群以及老人和小孩尽量少食或不食野菜。

总的来说,野菜的安全性其实并不比普通蔬菜高。如果想换换口味,可以到超市或正规市场选购印有国家"绿色食品"标志的野菜产品。注意选择适合自己的品种,适量食用。

14. 如何选购黄瓜？

正常的黄瓜长得较短、粗细均匀、用手捏时感觉比较硬、味道鲜美。黄瓜失水后才会变软，软黄瓜必定不新鲜。变软的黄瓜浸在水里就会复水变硬，所以硬的也不一定都新鲜，其瓜的脐部还有些软，且瓜面无光泽，残留的花冠多已不复存在。许多消费者在买黄瓜喜欢选顶花带刺的，却不知道一些菜农为了满足市场对黄瓜新鲜度的需求，在黄瓜上涂抹激素，使得黄瓜看上去更新鲜，所以顶花带刺的黄瓜不一定就好。那些打弯黄瓜比直黄瓜更可让人放心，因为出于卖相好看的考虑，一些菜农会使用药物让黄瓜长得笔直顺溜。如果黄瓜的把较长，个头又粗又大、大肚子状，往往是为了快速上市而喷过化肥、农药，缩短了生长期，这是靠细胞分裂素催长起来的，吃起来缺乏黄瓜本身的鲜嫩味。

15. 如何选购西红柿？

西红柿按色泽分有红色、粉红、橘黄色的，市场卖的多见红色的，以微扁圆形、圆球形，脐小，成熟度高，果肉厚，多汁，沙瓤，酸甜适口，心室小，果形完整，无裂口、无虫害的为佳。自然成熟的番茄，味道好、营养价值高。但有些菜农为抢早上市卖个好价钱，往往未完全成熟就摘下来人工催熟。

催熟的西红柿看上去通体全红，有的颜色鲜艳，有的颜色并不是十分鲜艳，且还会出现红白相间的情况；而自然成熟的西红柿，在其柿蒂的周围仍有一些绿色。催熟的西红柿其外形看上去呈多面体；自然成熟的则一般呈圆形。将西红柿掰开观察其内质，催熟的西红柿，其里面呈绿色或未长子，且瓤内无汁；而自然成熟的西红柿肉质为红色,起沙、多汁且子粒多为土黄色。催熟西红柿用手摸上去感觉很硬;自然成熟的则手感较软。

还有,尖尖的西红柿或其他畸形西红柿,很可能是使用生长激素浓度过量造成的问题西红柿,因此不宜购买,应尽量挑选果实圆正之品。

16. 如何选购萝卜?

萝卜,分为白萝卜、青萝卜、红萝卜、心里美萝卜等多个品种,形状各异,大小悬殊。不管哪种萝卜,以根茎圆整、表皮光滑、表面无空隙、富有弹性为优。以白萝卜为例,若根部呈直条状不弯曲则为上选。一般说来,皮光的往往肉细。比重大、分量较重、掂在手里沉甸甸的,肯定不是糠心萝卜(糠心萝卜肉质成菊花心状)。要买半青半白或顶部为青颜色、大小适中、有根须的萝卜。这种白萝卜肉质比较紧密,比较充实,烧出来成粉质,软糯,口感好。新鲜的萝卜一般外表光滑、色泽清新、水分饱满。若是表皮松弛或出现半透明的黑斑,则表示已经不新鲜了,甚至有时可能是受了冻的,这种萝卜基本上失去了食用价值。注意不要买整体呈白色、又粗又长、有裂口和分叉的,这种模样的萝卜很有可能含有大量的锄草剂和尿素。

17. 如何选购韭菜?

叶肉肥厚,叶绿深艳、有光泽,不带烂叶、黄叶、干尖、紫根、泥土,无斑点,中心不抽薹的为佳。用手抓韭菜根抖一抖,叶子发飘的是新鲜货,叶子飘不起来的是陈货;齐头的是新货,吐舌头的是陈货。

根茎较细、每棵韭菜有 6～7 片叶子、紫根带棱角的韭菜相对安全些。宽叶韭嫩些,香味清淡。窄叶韭卖相不如宽叶韭,但吃起来香味浓郁。

靠大量的化肥、生长激素催长起来的韭菜,根茎粗大,只有2～4 片叶子,没有黄叶,也没有韭菜味,毒性却大得惊人,而且极容易腐烂。

辨别用过激素或农药的韭菜的方法是:

韭菜叶子特别宽大,比一般的宽叶韭菜还要宽一倍时,很可能是在栽培过程中使用过激素的,未用过激素的韭菜叶较窄,吃时香味浓郁。有的韭菜不仅宽大,颜色也不正常,如菜叶失去正常的绿色而呈墨绿色,就可能是喷洒过剧毒农药。韭菜的特殊气味有可能将残留农药的气味掩盖掉,所以我们要要谨慎选购。另外,最好将买回来的韭菜先用淡盐水浸泡 6 小时左右后再食用。

18. 如何选购土豆?

土豆也称马铃薯,黄肉的较粉,白肉的稍甜。好的马铃薯个头中偏大,形整均匀,质地坚硬,皮面光滑,皮不过厚,无损伤、糙皮,无病虫害、热伤、冻伤,无蔫萎的现象。

要尽量选圆的、没有破皮的土豆,越圆的越好削。皮一定要干的,不要有水泡过的,否则保存时间短,口感也不好。如果发现土豆外皮变绿,哪怕是很浅的绿色都不要食用。如果长出嫩芽,则说明土豆已含毒素,不能食用。土豆上不能有小芽苞,否则对人体有害。如果土豆上边还有黑色类似淤青的部分,则里面多半是坏的。过大的土豆可能生长过时,纤维也较粗。冻伤或腐烂的土豆,肉色会变成灰色或呈黑斑,水分收缩,不宜选购。

19. 如何选购花菜?

好的花菜为半球形、花丛紧密、大小均匀,中央的柄为青翠绿色,花球洁白微黄、无异色、无毛花,无黑色斑点,花球周边未散开,拿在手里感觉轻重适宜,用手轻轻一掰有清脆的声音。那些长得又大又白、菜花紧紧粘在一起、拿在手里感觉特别重的,是典型的激素菜。

20. 如何选购菠菜?

要挑叶柄短、叶片大小适中、根小色红、叶色深绿的。若是在冬季,看到叶色泛红的菠菜,表明它经受了霜冻锻炼,吃起来会更为软糯香甜。早秋的菠菜有涩味,草酸含量高。如果菠菜叶子上有黄斑,叶背有灰毛,说明是感染了霜霉病,不能食用。那些叶片又大又粗、绿得发黑的,往往含有较多甲胺磷农药和化肥。

21. 如何选购四季豆?

挑选时要注意看豆荚的色泽是否呈鲜绿状,荚肉是不是肥厚、折之易断,而且无虫咬、无斑点、无锈病。要避免明显豆粒突出者,而以绿色鲜明、具有弹力者为佳。四季豆通常直接放在塑料袋中冷藏能保存 5~7 天,但是摆久了会逐渐出现咖啡色斑点。

四季豆应彻底烧熟才能食用,否则会引起食物中毒。

22. 如何选购白菜?

一般来说,越是寒冷地方生长的白菜味道越好。通常以叶柄肥厚,色泽白而光滑,叶端卷缩而互相结成紧球朵,分量沉重,无虫眼、无黑斑等的为佳。假如叶片的顶端彼此分离并且向外翻卷,则菜心处可能已经开始开薹。腐烂变质的白菜会引起亚硝酸盐中毒,一定不能食用。

23. 如何选购生姜?

要想买到放心的生姜,最好是选择上面沾一点泥的。正常的生姜颜色发暗,而那些颜色发亮、皮很薄、轻轻一搓就掉皮的生姜,都是用硫磺熏烤过的,其外表微黄,显得非常白嫩,看上去很好看,食用后会对人体呼吸道产生危害,严重的甚至会直接侵害肝脏、肾脏。

24. 如何选购香菜?

正常的香菜根茎细小,叶子摊开比较长,这样的香菜相对安全些。含有大量化肥、农药的香菜,根茎像小芹菜般粗大,却缺乏香菜原本的香味。

25. 如何选购胡萝卜?

按色泽分主要有红色和黄色的,一般来说红色的含糖分比黄色的高,口味也甜些。不论哪种色泽的胡萝卜,以色泽鲜艳,表皮光滑,质地坚实,肉厚心小,脆嫩多汁,无开裂、分叉,不糠,无病虫害的为佳。色泽变暗,质地松弛,软而汁少,顶部有绿色等,是存放时间长、不新鲜的。而那些头比较大、表面有裂纹、呈锥子状的胡萝卜,则含有大量的化肥和生长激素。

26. 如何选购洋葱?

比较好的洋葱色泽鲜明,外表光滑,无损伤和虫病害,茎部小,且未发芽,用手捏起来感觉很坚实。如果已经发芽,则中间部分多已开始腐烂,不能购买。

27. 如何选购山药?

看块茎的表皮形状,如果其表皮光洁、无异常斑点,一般可放心购买。山药的表皮上出现任何异常斑点,都说明它已经感染病害,食用价值大为降低。

七、水果的选购与食用

大超市里不一定能买到放心的水果,因为生鲜水果无定型包装,一般是不标保质期的,是否过期没有硬性标准。买到"问题水果"的消费者往往得不到应有的赔偿。看来,只有消费者自己掌握水果的选购和食用知识,才是最可靠的食品安全保护手段。

1. 吃水果有什么讲究？

大多数人都有这样一个饮食习惯,那就是饭后吃水果,不论是宴会的上菜程序,还是大多数人的日常饮食均是如此。实际上,这种习惯对健康不利,易导致体重超重和肥胖现象的发生。

饭前吃水果更有利健康

当前影响我国居民健康的最主要问题之一就是摄入热量过多。饭后吃水果往往是在吃饱的基础上,再添加食物,而这部分的热量几乎全部被储存。相反,饭前进食一定量的水果有很多好处。

首先,水果中的许多成分均是水溶性的,有维生素 C 以及可降低血液中胆固醇水平的可溶性的植物纤维、果胶等。其消化吸收不需要复杂消化液的混合,可迅速通过胃进入小肠吸收。空腹时的吸收率要远高于吃饱后的吸收率。其次,水果是低热量食物,其平均热量仅为同等重量面食的 1/4,同等猪肉等肉食的约 1/10。先进食低热量的食物比较容易控制总的摄入量。第三,许多水果本身容易被氧化、腐败,先吃水果可缩短其在胃中的停留时间,降低其氧化腐败程度,减少可能对身体造成的不利影响。

　　胃肠功能不好的人,不宜在餐前吃水果。儿童正处于长身体时期,部分妇女属于中医讲的"脾胃虚寒"体质,不宜或不适应饭前吃水果。这部分人群可两顿饭之间加食一次水果,而不要在饭后立即吃水果。

　　所以,营养学家建议,从水果本身的成分和身体消化吸收的特性分析,建议成年人最好在每顿饭前吃水果(柿子等不宜在饭前吃的水果除外)。

睡前不宜吃水果

　　睡前吃水果既不利于消化,尤其是入睡前吃纤维含量高的水果,充盈的胃肠会使睡眠受到影响,对肠胃功能差的人来说,更是有损健康。又因为水果含糖过多,容易造成热量过剩,导致肥胖。

2. 哪些水果不适合餐前吃?

　　有些水果不能在饭前空腹吃,如圣女果、柿子、橘子、山楂、香蕉、甘蔗和鲜荔枝等。圣女果中含可溶性收敛剂,如果空腹吃,就会与胃酸相结合而使胃内压力升高引起胀痛。橘子中含大量有机酸,空腹食之则易产生胃胀、呃酸。山楂味酸,空腹食之会胃痛。

　　香蕉中的钾、镁含量较高,空腹吃香蕉,会使血中镁量升高而对心血管产生抑制作用。柿子有收敛的作用,遇到胃酸就会形成柿石,既不能被消化,又不能排出,空腹大量进食后,会出现恶心呕吐等症状。空腹时也不能过量食用甘蔗或鲜荔枝,否则会因体内突然渗入过量高糖分而发生"高渗性昏迷"。

餐前吃的水果最好选择酸性不太强、涩味不太浓的,如苹果、梨、红枣、桃、葡萄等。

3. 哪些水果适合饭后吃?

如果饭后要吃水果,可以选菠萝、木瓜、猕猴桃、橘子、山楂等有助消化的水果。

菠萝中含有的菠萝蛋白酶能帮助消化蛋白质,补充人体内消化酶的不足,增强消化功能。

餐后吃些菠萝,能开胃顺气,解油腻,助消化。

木瓜中的木瓜酵素可帮助人体分解肉类蛋白质,饭后吃少量的木瓜,对预防胃溃疡、肠胃炎、消化不良等都有一定的辅助功效。猕猴桃、橘子、山楂等,富含大量有机酸,能增加消化酶活性,促进脂肪分解,帮助消化。

4. 哪些水果适合早上吃?

同样是吃水果,如果选择上午吃水果,对人体最具实效,更能发挥水果的营养价值。这是因为人体经一夜的睡眠之后,肠胃的功能尚在激活中,消化功能不强,却又需补充足够的各式营养素,此时吃易于消化吸收的水果,可以应付上午工作或学习活动的营养所需。所以早上吃水果,不仅可帮助消化吸收,有利通便,而且水果的酸甜滋味,可让人一天都感觉神清气爽。

但胃肠经过一夜的休息,功能尚在恢复中,因此,水果最好选择酸性不太强、涩味不太浓的。尤其胃肠功能不好的人,更不宜在这个时段吃水果。如山楂味道过酸,不宜空腹吃,脾胃虚弱者也不宜在早晨进食这类水果。酸性不太强、涩味不太浓的水果,比如苹果、梨、葡萄等就非常适合。

5. 什么是催熟水果?

催熟水果是被添加了化学物质催熟、保鲜的水果。有些是离成熟期不远时,有些是反季节的,有的果农为了提前几天把果子上市卖个好价位,而下药把果子催熟的。催红素其实是一种植物催熟剂,主要成分是乙烯利,一般使用浓度很低,正常喷施时间是果实开始转色的时候。它可以使水果提早成熟,提高水果的着色效果。也有的果商为了使水果提前上市卖好价钱,将离成熟期较远的青果催熟,这需要大量乙烯,催熟的水果不好吃,乙烯过量还对人体有害。市面上有些外观黄亮,吃起来有生味的香蕉就是采用大量的乙烯或其他化学物质催熟的。

6. 什么是染色水果?

现在给水果"美容"的手段很多,除了"催红",还有"染色"、"打蜡"等。

我国规定不允许给新鲜的水果染色。虽然目前发现染色水果的比例不大,但还是应加以防范。染过色的水果,表面看起来特别鲜艳,仔细观察,可发现水果表皮有色斑,有的染色的果蒂会变色。当然,光凭颜色鲜艳就认为水果染色是很片面的。要确认水果是否染色,只有经过质检部门检验才能定性。

7. 什么是打蜡水果？

给水果"打蜡"比较常见。打蜡后的水果很漂亮，很多人买来送礼。根据国家规定，用合格的果蜡给水果"打蜡"是可以的。但为了减低成本，有些商贩用工业石蜡给水果抛光。工业石蜡的杂质中含有铅、汞、砷等重金属，会渗透到果肉中，食用后会导致安全隐患。打过蜡的水果比较容易辨别，果皮光滑发亮，色泽鲜艳。

8. 如何选购苹果？

春季的气温不稳定，易患感冒，吃红苹果能使人体抗病组织产生一种热能，同时其中所含的特殊抗感冒因子物质能直接抵抗感冒病毒，有助于加速人体康复。另外，苹果生吃或榨汁饮用其效果仍较佳。

一般选择看起来坚实、颜色鲜明且表皮没有脱水现象的即可。要避免选择有碰伤、软掉或肉有斑点的。

顶部带梗的小圆口，其凹陷处的果皮完整而无黑点，表示刚采收不久鲜度较佳。若底部泛出青色，表示尚未成熟。注意看看苹果身上是否有条纹，而且越多的越好。在挑选红富士时看苹果柄周围是否有同心圆，这样的果实由于日照充分，比较甜。选购黄冠苹果时用手按下苹果，按得动的就是甜的，按不动的就是酸的。黄元帅苹果则要挑颜色发黄的，麻点越多的越好，并且用手掂量，轻的比较面，重的比较脆。

9. 如何选购香蕉?

中医认为,香蕉具有润肠通便、清胃凉血以及降压利尿等作用。特别适合便秘等阴虚肠燥或血热气滞者食用。但阳气不足、脾胃素虚的人食用香蕉反而会使虚火更旺。

要买那些色泽鲜亮的、圆润的、无棱角的、形状端正、大而均匀的、整把香蕉无缺损和脱落的。新鲜的香蕉应该果面光滑,无病斑、无创伤,果皮易剥离,果肉稍硬,捏上去不发软,口感香甜、不涩、无怪味。外皮有较多的小黑点,表示熟度刚好,无太大生涩的味道。若要马上吃,可选择黄皮带有一些褐色斑点的;若要过几天才吃,可选择颜色较黄绿的。

10. 如何选购桃子?

优质的桃子果实较大,色泽新鲜漂亮,形状端正较好;而劣质桃子则有可能会出现破皮、虫蛀、硬斑等现象。优质桃子粗纤维少、肉色白净、皮薄易剥、肉质较柔软。优质桃子尝起来口感较好,酸少、汁多、味甜、香浓。手感过硬的桃子一般是尚未熟的,但过软的为过熟桃,肉质极易下陷的桃子则已腐烂变质。

桃子里面含有很多果胶,对皮肤健康有好处,但是肠胃不好的人别吃太多。

吃桃前最好要削皮,主要是因为细小的桃毛在肠道里容易穿透肠道细胞从而易引起过敏。

11. 如何选购橙子？

橙子性凉，味道酸甜，具有生津止渴、防治便秘以及帮助消化的功效。正常人饭后食用橙子或是饮用橙汁，可起到止渴、消积食、解油腻等作用。橙子可分为甜橙和酸橙，酸橙味酸带苦，多用于制取果汁，很少鲜食。

糖尿病患者应忌食橙子，因为橙子中含糖量较高；另外，空腹或是饭前时不宜食用，否则橙子所含的有机酸会刺激胃黏膜，对胃不利。同时，吃橙子前后1小时内不要喝牛奶，因为牛奶中的蛋白质遇到果酸会发生凝固，会影响消化吸收。

在购买时尽量选择果脐小且不凸起的橙子，果脐越小口感会越好一些。橙子个越大，靠近果梗处越容易失水，吃起来会干巴巴的。橙子皮的密度越高、薄厚均匀而且有点硬度，所含的水分就较高，口感较好。用手摸起来比较粗糙的一般为好橙子，因为好橙子的表皮皮孔较多，而劣质橙子由于橙子表皮的孔眼较少，摸起来则相对光滑。

12. 如何选购西瓜？

西瓜是夏季主要水果之一，西瓜能起到消暑、利尿、提神的作用，而且对内脏还有清洁作用，因此夏季吃西瓜有利健康。

选购西瓜的时候要观察其表皮是否光滑、形状是否好看、是否呈浅绿色，并且要纹路明显、整齐。要选择瓜的花纹感觉像是撑开了一样，顶部开花的地方收口小的，摸起来表面不是光滑，而是凹凸不平的为佳。用手托起轻轻拍打的声音，感觉有点空洞，托着的手感觉微微有震动，这个西瓜则是沙瓤的。如果要购买已切开的西瓜,就要看清果肉是否多汁、颜色是否浓厚而红,不要买那些在浅色果肉上还出现白色条痕的西瓜。

　　一些瓜农为了抢在大批西瓜成熟前提早上市,会通过追施氮肥,结合使用赤霉素、膨大剂、催红素等方法,使第一批西瓜至少提前半个月上市,这些瓜的价格起码要比旺季的西瓜翻倍。尤其是每年四五月份上市的西瓜,大都是大棚栽培的早熟西瓜,西瓜子往往以白色居多,而瓜瓤颜色很鲜红,尝起来口感较差。

13. 如何选购梨?

　　梨含有丰富的糖分和维生素,有保肝和帮助消化的作用;同时梨有生津止渴、止咳化痰、清热降火、润肺去燥等功能,最适宜冬春季节发热和有内热的病人食用。但是,因为梨性偏寒,消化不良、脾胃虚寒的人不宜多食。

　　选购时要注意果实坚实但不可太硬。不买皮皱皱的或皮上有斑点的果实。

14. 如何选购草莓?

　　不少草莓是使用过激素的,选购时要注意果实是否坚实、鲜红,红里带白点,并紧连梗子。不要买大块掉色或丛生的草莓,也不可买萎缩、有霉点的草莓。

15. 如何选购葡萄?

　　葡萄的种类越来越多,口味甜美,富含营养,受到广大消费者的青睐。葡萄中含有的类黄酮是一种强力抗氧化剂,有抗衰老的作用,并可清除体内自由基。葡萄糖是葡萄中所含糖类的主要成分,它能够快速被人体吸收,在人体出现低血糖时,及时饮用葡萄汁可迅速缓解症状。葡萄阻止血栓形成的效果比阿司匹林更好,因而对预防心脑血管病有一定作用,能有效地降低血小板的凝聚力、降低人体血清胆固醇水平。

选购葡萄时最好选在当季节购买,这样容易买到新鲜的葡萄,不仅口感较好,且有丰富的营养价值。成熟度适中的葡萄果穗、果粒颜色较深、鲜艳。葡萄果粒紧密的,味较酸,过分松则表示太熟,选果粒排列有空间的为好。一般果粒表面有白霜者较新鲜。

选购时可试吃最下面一颗,因为最下面一颗是最不甜的,如果该颗很甜,就表示整串葡萄味道也甜一些。整串葡萄要注意挑选颜色浓、果粒丰润、紧连着梗子的,不要买软塌、凋萎、梗子变褐或容易掉粒的葡萄。

葡萄串落子多、柄结疤,表示放的时间过长,不够新鲜。个大的葡萄不一定好,尤其是果粒大若乒乓球而颜色较淡的,通常是过量施氮肥或用植物生长调节剂催大的,果皮薄容易裂果,果肉口味淡。

16. 如何选购菠萝?

要选择外皮颜色呈现偏黄色、外形圆胖、果实坚实且较重、有浓郁果香的菠萝,肉质较细且甜度较高。不要买表皮暗沉、干瘪、碰伤或带有腐败气味的菠萝。

17. 如何选购甘蔗?

甘蔗的营养价值很高,它含有水分比较多。对反胃呕吐、低血糖、小便不利、大便干结、虚热咳嗽等疾患者,食之有益。但甘蔗性偏寒,患有胃寒、呕吐、便泄、咳嗽、痰多等症者,暂时不吃或少吃甘蔗,以免加重病情。

必须注意:甘蔗若保管不善易于霉变。那种表面带"死色"的甘蔗,切开后其断面呈黄色或猪肝色,闻之有霉味,咬一口带酸味、酒糟味的甘蔗,误食后容易引起霉菌中毒,导致视神经或中枢神经系统受到损害,严重者还会使人双目失明,患全身痉挛性瘫痪等难以治愈疾病。甘蔗渣属于粗纤维质,人类的肠胃并无法消化这种纤维,还有可能会造成消化道受伤,一定不能食用。

18. 如何选购与食用葡萄干?

葡萄干是在日光下晒干或在阴影下晾干的葡萄的果实。葡萄干肉软清甜,营养丰富。

食用葡萄干,有助于消解便秘;也有助于消解多余的脂肪,使血流畅通,并且还具有辅助降血压的作用。

但是要注意,患有糖尿病的人忌食葡萄干,肥胖者也不宜多食。

服用安体舒通、氨苯蝶啶和补钾时,不宜同食葡萄干和其他含钾量高的食物,否则易引起高血钾症,出现胃肠痉挛、腹胀、腹泻及心律失常等。

选购葡萄干时要注意,优质葡萄干其颗粒完整,基本无破损。优质葡萄干呈黄绿色、红棕色或棕色,无霉变、无虫蛀。优质葡萄干闻起来具有葡萄干所固有的醇甘味,略带酸味,无其他杂质的异味。优质葡萄干质地较柔软。

19. 如何选购与食用荔枝干?

优质荔枝干在剥开后,其果肉呈现棕色至深棕色,无发霉迹象、无虫斑;外形完整,无破损,且具有荔枝固有的颜色;尝起来有着天然荔枝固有的酸甜味,无其他异味。优质荔枝干的组织较紧密。

荔枝果肉中含葡萄糖高达66%,还含有蛋白质、多种维生素、有机酸、果胶及多量游离氨基酸等营养成分,具有补充能量、增加营养的作用,适宜大多数人食用,同时还具有广泛的食疗作用。可补充大脑营养,增强记忆力;研究证明,荔枝对大脑组织有补养作用,有助于改善失眠、健忘、神疲等症状。荔枝具有很好的美容功效,因为荔枝中拥有丰富的维生素,可促进微细血管的血液循环,令皮肤更加光滑。

但食用荔枝干应注意以下几点:

荔枝干性热,多食易上火,因此每次食用时要适量,不可多吃。

荔枝干中含丰富的果糖,因此糖尿病人应忌食。

鲜荔枝不宜空腹食用;因为鲜荔枝含糖量很高,空腹食用会刺激胃黏膜,导致胃痛、胃胀。

20. 如何选购与食用桂圆干?

桂圆干又名益智、龙眼肉,为龙眼的成熟果实干制而成。性平,味甘,含有硫胺素、核黄素、尼克酸、抗坏血酸及其他营养成分,具有益气补血,安神定志,养血安胎的功效。失眠健忘,脾虚腹泻,精神不振者常食有益。

优质桂圆外形完整,无破损。将桂圆剥开后,其果肉呈现黄亮棕色至深棕色,无霉变、无虫蛀。优质桂圆尝起来具有本品固有的香甜味,无焦苦等其他异味。优质桂圆其果肉易于剥离果核,且组织紧密。

但是桂圆甘甜滋腻,内有痰火及湿滞、炎症者慎用。

21. 如何选购与食用柿饼?

柿饼是用柿子人工干燥成的饼状食品,又称干柿、柿干,可用作点心馅。色灰白,断面呈金黄半透明胶质状、柔软、甜美,具有润心肺、止咳化痰、清热健脾等辅助功效。

优质柿饼从外观上看起来其蒂紧贴着肉、不翘起;外形完整、无破损;表面颜色呈现白色至灰白色,而剖面则呈橘红色至棕褐色;无虫蛀、无霉变。优质柿饼尝起来具有其本身固有的香甜,无苦涩等其他异味存在。优质柿饼其果肉呈纤维状,紧密而又富有韧性。

柿饼不可以空腹食用。因柿饼含有较多的鞣酸及果胶,在空腹情况下食用它,会在胃酸的作用下形成大小不等的硬块,如果这些硬块不能通过幽门到达小肠,就会滞留在胃中形成胃柿石,小的胃柿石最初如杏子核,但会愈积愈大。如果胃柿石无法自然被排出,那么就会造成消化道梗阻,出现上腹部剧烈疼痛、呕吐、甚至呕血等症状,曾在手术中发现大如拳头的胃柿石。

糖尿病人、脾虚泄泻、便溏、体弱多病、产后、外感风寒者忌食;患有慢性胃炎、排空延缓、消化不良等胃动力功能低下者、胃大部切除术后不宜食柿子。

22. 如何选购与食用蜜饯？

蜜饯也称果脯，是我国具有民族特色的传统食品，迄今已有2000多年的历史。

蜜饯是以桃、杏、李、枣或冬瓜、生姜等果蔬为原料，用糖或蜂蜜腌制后而加工制成的食品。除了作为小吃或零食直接食用外，蜜饯也可以用来放在蛋糕、饼干等点心上作为点缀。

优质蜜饯的形态、厚薄以及长短要基本保持一致；另外，优质蜜饯表面所附着的糖霜要均匀，无破损；而且，优质蜜饯的表面干湿程度要保持基本一致。优质蜜饯的色泽自然、均匀，没有使用合成色素的迹象存在。优质蜜饯应有其相应本品的特殊香味，闻起来无其他杂质异味。优质蜜饯颗粒饱满，尝起来肉质细腻，且甜而不腻，其糖分分布渗透均匀。

因为蜜饯类食品含糖量较高，故不宜多食，特别是糖尿病患者要慎食。另外，有的产品含盐量较高，有的则含有大量的防腐剂、甜味剂和色素添加剂等，儿童食用时要注意有所选择，且不可过量。

八、谷物及其制品的选购与食用

谷物主要包括大米、小麦、玉米、小米和高粱等,是人体最主要、最经济的热能来源。大米、面粉是消费量最大、也是最重要的食品原料,其食用安全的重要性非一般食品可比。不法商贩为了赚取高额利润,将含有黄曲霉素的霉变陈大米抛光上腊,冒充新大米出售;面粉中也被他们添加进超标的增白剂,甚至掺入滑石粉、吊白块。这些频频出现的"问题"粮食严重威胁着消费者的安全。

1. 如何选购大米?

大米,是稻谷经加工而成的。大米中含有许多对人体有益的营养物质,吃起来口感较好,在日常生活中大多作为主食,深受人们的喜爱。

大米的品种

大米按品种分为三大类:籼米、粳米和糯米。从质量规格来看,各类大米按加工质量精度可分为 5 个级别,一级或特级的质量为上乘。

籼米的米粒一般呈长椭圆形或细长形,也有人称其为"长粒米",黏性较差,煮熟之后米粒松散,吃口较硬,适合用来制作炒饭。泰国香米就属于这一类米。用它煮饭的时候,要适当多加点水。

粳米属于短粒米,颗粒呈椭圆形,半透明,黏性适中,煮熟之后米粒有点黏性但能分开,吃口较软,所以受大部分人的喜爱,是最常吃的大米,适合用来煮饭或煮粥。

糯米由糯性稻谷制成,特点是米粒乳白色,不透明,也有呈半透明的,黏性大。糯米米粒煮后无法分开。通常用来制作粽子、米糕、汤圆之类。糯米与一般大米的碳水化合物结构不同,但营养价值相差不大。

选购大米的具体方法

第一,望。要认真观察米粒颜色,表面呈灰粉状或有白色沟纹的米是陈米,量越多说明大米越陈旧。在大米腹部常有一个不透明的白斑,腹白部分米质蛋白质含量较低,含淀粉较多,能反映大米的成熟度。那些含水分过高,收后未经后熟和不够成熟的稻谷,腹白会较大。仔细观察米粒表面,如果米粒上出现一条或者更多条横裂纹,就说明是爆腰米。所谓爆腰是指大米在干燥过程中发生急热,急热现象后,米粒内外收缩失去平衡造成的。爆腰米食用时外烂里生,营养价值和口感降低了许多。

第二,闻。买米时可先用鼻子闻一闻,仔细体会米的气味是否正常,有无异味和陈味,如果闻到有发霉的气味,说明是陈米。如果是新米,则一定有一股新鲜和清香的气味。

第三,切。随意取几粒米,用牙齿嗑一下。大米粒的硬度主要是由蛋白质的含量决定的,米的硬度越强,蛋白质含量越高。透明度也越高。一般新米比陈米硬,水分低的米比水分高的米硬,晚米比早米硬。如果需要你用力才能嗑断，说明米比较干燥，水分低。如果轻轻一嗑就断，说明米的水分很高，不能多买。

2. 陈化米的最大危害是什么？

大米等粮食长期储存后品质下降，不能直接作为口粮食用，被称为陈化粮。国家有关部门对陈化粮的处理有严格的规定，必须在监控下到规范合格的饲料厂或酒精厂去处理。陈化粮虽然不全部是有害粮，但可能部分受到有害微生物污染，尤其是受黄曲霉毒素污染的陈化粮危害最大。

黄曲霉毒素是目前所知致癌性最强的化学物质，其毒性是人们所熟知的剧毒物氰化钾的10倍，砒霜的68倍，被列为极毒。特别是它的强致癌性，世界各国对于其污染食品的情况都很重视，并对其在食品中的含量做了严格限制，即食品中黄曲霉毒素的最大含量为每千克不超过10微克。1993年，黄曲霉毒素被世界卫生组织（WHO）的癌症研究机构划定为Ⅰ类致癌物。

一旦食用被黄曲霉毒素严重污染的大米，可出现发热、腹痛、呕吐、食欲减退等症状，严重者甚至死亡。中国台湾曾发生过因食用黄曲霉毒素含量高的发霉大米，导致39人中25人中毒，其中3名儿童死亡的事件。

3. 怎么鉴别新米和陈米？

陈化粮通常呈黄色，大多有霉味。一些不良商贩为了掩饰霉味，会向陈化粮添加香精，还会在米中加矿物油，消费者会闻到其他香味，用手摸时会有黏的感觉。

陈化米的皮层厚，光泽少，米粒坚硬、粗糙，尤其要注意观察其胚芽和腹沟部分的颜色,若变灰、变暗,则说明已发生霉变。经长期储存的大米比正常大米颗粒小,且比较细碎,具有所谓的"爆腰现象",即米粒腰部出现横裂纹,裂纹越多,米质越差。闻米的味道时,如果米有霉味或陈臭味,肯定不能食用。

4. 免淘米真的不用淘吗?

有些大米号称"免淘"或"免洗",真的不用淘洗吗?

目前国际上规定,免洗米的洁净度应小于百万分之一,数值越小,洁净度就越高。不过,我国目前的生产工艺还远远达不到国际通行的免洗标准,所以我国其实很少有真正的免淘米。所以,大家食用免淘米前还需要冲洗一两次。

当然,如果对标明免淘的米清洗过度,一定会造成营养的大量流失。淘洗的次数越多,流失的营养成分也越多,所以,在做饭前淘洗一两次就可以了。

5. 面粉如何分类?

面粉是小麦经加工制成的不同等级的小麦粉。由于面粉中所含的营养价值高,且可以做成各种各样美味的食品,因此深受广大消费者的喜爱,特别是北方人,大多以面食为主要主食。

目前市场上出售的面粉,按加工精度的不同,分特制一等面粉、特制二等面粉、标准面粉、普通面粉。消费者购买面粉时,可以在外包装袋上看到面粉等级的说明。

特制粉价格高,其加工精细,灰分含量低,面筋含量高,细白,口感好,人体容易消化吸收。但因面粉在加工过程中,维生素等营养成分损失较多,如果以面粉作为主食,长期单一食用特制粉,就易导致维生素缺乏症。

标准粉比特制粉略粗,色泽略差,麸星(面粉中已被磨碎的麸皮碎片)多些。但其含有较多的维生素、无机盐等,营养成分较全面,食用后更有益于人体健康。

6. 如何选购面粉?

第一,看色泽。

优质面粉色泽呈白色或者略带一点黄色,不发暗;若面粉呈雪白色、惨白色或是发青,则说明该产品含有化学成分的添加剂。符合国家标准的特制粉,色泽白净,看上去较为细洁;标准粉色泽为乳白色或微黄本色。质差的面粉色泽稍深些。添加增白剂的面粉,色泽雪白或惨白,色泽越白,说明增白剂使用量越大。

第二,闻气味。

凡符合国家标准的面粉,气味正常,带有小麦面粉固有的清香气,且略带香甜味;凡有酸、臭、霉等异杂气味的,均为质量差的面粉。而使用增白剂的面粉,会破坏小麦原有的香气,涩而无味,甚至会带有少许化学药品的气味。

第三,捏水分。

用手抓一把面粉使劲一捏,松开手后,面粉随之散开的,这是含水分标准正常的好面粉;如果面粉抱团不散开,说明水分超标。

第四,看用途。消费者要根据自己不同的用途,选择相应品种的面粉。如果要用面粉来制作馒头、面条、饺子等,最好选用中高筋力、有一定的延展性而且色泽较好的面粉;如果是想制作点心、饼干,则最好选用筋力较低的面粉。

第五,认品牌。

在鉴别面粉质量的同时,购买面粉还应注意选择正规渠道的知名产品。一分钱一分货,一般劣质面粉的价格比市场上正规面粉的价格要低,因此,消费者在购买时千万不要贪图小便宜,应去正规的超市或商店购买。一般知名专业面粉厂生产的面粉质量较为可靠,而一些小企业、小作坊,由于设备和技术等条件差,质量就难以保证。

7. 如何选购挂面?

正规的优质挂面的外包装上的标签符合国家规定,有完整的生产日期以及相关标志,且包装紧实,两端整齐。

优质挂面闻起来会有一股天然面粉的甜香味,尝起来软硬适中,不粘牙,有嚼劲。

优质挂面富有弹性,抽出一根挂面,两手捏住两端,轻轻向上弯曲,其曲度可达到 5 厘米以上。

劣质挂面的特征

若外包装有受潮、发霉、虫蛀等迹象存在,则很有可能是劣质挂面,在购买时要仔细观察。

劣质面条的颜色看起来发暗、发灰,表面粗糙、膨胀且较易变形。

劣质面条弹性较差,易碎,尝起来口感较差。

8. 如何选购方便面?

方便面是通过对切丝出来的面条通过蒸煮、油炸,让面条形状固定,一般成方形或圆形,食用前以开水冲泡,并开水溶解调味料,并将面条加热冲泡开,在规定分钟(不超过 4 分钟)内便可食用的即食品。

吃方便面的危害

方便面等食品多用精制面粉制成，本身缺少纤维素，加工过程中还会丢失纤维素及矿物质。如果长期吃这类食品，人体会缺乏纤维素和钙。

方便面类食品中的卵磷脂、维生素和矿物质等营养元素含量都很低，常吃会造成人体营养不良。

方便面的香脆都是通过油炸才能做到的，即使是泡着吃，超过一定的量也容易上火。

方便面中的油质一般都加入了抗氧化剂，但它只能减慢氧化速度，推迟酸败时间，并不能完全有效地防止酸败。含油质的食品酸败后会破坏营养成分，产生过氧脂质，长期过量的过氧脂质进入人体后，对身体的重要酶系统有一定的破坏作用，还会促使人早衰。

为了改善方便面味道、卖相或者延长其保质期，一般都会在里面加入一些添加剂，如磷酸盐、防氧化剂、防腐剂等，而这些东西因长期贮存、环境影响等，也会在慢慢变质，食后对人体有害，而且若再人体内积聚，会造成严重后果。

吃方便面注意事项

方便面只适于救急，如受到条件限制吃不到东西或临时就餐不便的时候食用。一天最多吃一次，也不可以天天吃。

患有肠胃疾病和胃口不佳、吸收不良的人，最好不要吃方便面。

对于一些由于工作繁忙，导致没时间煮饭，经常要吃方便面的人，应该酌情增加一些副食，以补充营养的不足。如食用些香肠、肉脯、牛肉干、肉松、熟鸡蛋（约 100 克左右）、卤肉等。或者配餐用一些生吃的瓜果、蔬菜，如黄瓜、荸荠、藕、香蕉、西红柿、萝卜、地瓜、梨、橘子等，数量应该保持在 250～300 克左右，以补充身体所需营养。

9. 如何选购速冻饺子？

饺子，是用面粉和各种馅料做成的一类传统食品，深受我国人民尤其是北方人的喜爱。饺子中含有人们每天所需要的蛋白质、脂肪、糖类等各种营养成分。现在，食品市场上速冻饺子十分受欢迎，但我们也要注意它可能存在的质量问题，以免给我们的健康带来威胁。

选购方法

速冻饺子一般要求在零下 8℃ 以下的冷藏库里贮藏，若贮藏条件不符合标准，则在相应的贮藏期内容易变质。在购买前应首先检查食品包装上的标签是否完整且符合国家标准，产品标签应包括产品名称、生产日期、保质期、生产厂商、贮藏条件等必须内容。在购买时要选择包装密封完好，包装袋内的饺子无破损或变形，另外，若袋内发现有较多碎冰，则食品有可能是经解冻后再次冷冻再向外出售，此时的产品质量已受到损害，在购买时要谨慎。

注意事项

"散装食品"现已经成为速冻食品的重要销售方式，且出售时价格相对便宜一点，但由于散装食品容易受到污染，不符合食品卫生的要求。因此，消费者要慎购散装食品，最好选择储存条件有保证的正规超市和食品商店购买。

10. 如何鉴别常见问题谷物制品？

硫磺馒头

经过硫磺熏蒸后的馒头称为硫磺馒头。这是因为硫磺在熏蒸食品时,硫与氧结合生成二氧化硫,遇水则变成亚硫酸,其可以与食品中的钙结合形成不溶性物质,同时还破坏了食品中的 B 族维生素。另外,硫磺中还含有铅、砷等成分,在熏蒸过程中会挥发出有毒物质,对人体有毒害作用。

经硫磺熏蒸过的馒头与正常的馒头比起来会显得异常白,而且表皮发亮,手沾水搓时则会发现其易碎。硫磺馒头仔细闻时会闻出硫磺气味;而正常馒头闻起来有一股纯正的面粉香味。

硼砂面条

在面粉中掺入硼砂制成的面条即为硼砂面条,掺入的硼砂可以延长面条的保质期,改善面条的口感,使面条更筋道。但是,硼砂是一种有毒的化工原料,不能作为食品添加剂使用。

加入硼砂的面条色泽看起来会呈现白而略带黄色,不像正常面条的乳白色。硼砂面条用手摸起来,其手感较正常面条要光滑。将面条放入水中煮熟后,若其面汤似清水,则可判断为硼砂面条。

问题油条

有些黑心商贩掺洗衣粉和面炸油条,使油条蓬松胀大,颜色金黄,其表面看起来特别光滑,对着光源看,隐约可发现油条上浮现的小颗粒,即为洗衣粉中的荧光物质。由正常发酵的面粉炸出的油条闻起来有固有的发酵或是油炸香味,而经洗衣粉发酵后的油条闻起来有异味,失去了原有的香味。如何辨别"问题油条"呢?

第一是"看"。太黑不行,色泽过于金黄也不行。加入洗衣粉的油条表面光滑,顺光时可见亮晶晶的颗粒,油条断面会出现大孔洞,而正常的油条断面呈海绵状,气孔细密均匀。

第二是"闻"。有没有刺鼻的气味。

第三是"尝"。明矾过量的油条,有种涩涩的感觉,而加了洗衣粉的油条吃起来口感平淡,没有油炸香味。

荧光粉制品的辨别

因为荧光制品很难用肉眼辨别,因此消费者在日常生活中购买面类制品如馒头、面条时千万要注意,并不是越白越好,对于那些白的不自然的食品要格外注意,最好去正规的超市或商店购买。

九、调味品的选购与食用

中国人的开门七件事：柴、米、油、盐、酱、醋、茶，其中调味料占了三个，可见调味品在中国居民日常生活中占的地位。

现在市场上的调味品也有很多假冒的，如果使用了假冒伪劣的调味品，轻则做菜味道不正，重则会损害到人们的健康。所以，我们在选购调味品的时候，要仔细的鉴别真伪，以免买到假冒产品。只通过看颜色和闻味道也不能保证一定能鉴别出假冒的调味品，所以大家在购买的时候，尽量选择到正规的超市和商场选购，并且尽量购买大厂商和名牌的产品。

1. 如何选择食用油？

人们常用的植物食用油有大豆油（又称豆油）、花生油（又称生油）、菜籽油、玉米胚芽油、葵花籽油、麦胚油、茶籽油、橄榄油、红花籽油等。

一般烹炒,可选择热稳定性较好的油脂,如橄榄油、茶籽油、花生油、米糠油、菜籽油等。

炖煮和不冒油烟的炒菜,可用大豆油、玉米油等耐热性略低的油脂。做沙拉、凉拌菜和煮菜,可用亚麻子油、核桃油、小麦胚芽油等。

天然油脂尤其是含不饱和脂肪酸较多的植物油,在高温煎炸条件下,很容易氧化分解,甚至产生有害物质,因此若是要煎炸食品,最好选择专用的煎炸油。

不同时间可选购不同原料种类的食用油,不要长期只食用一种固定的油脂。比如,花生油的单不饱和脂肪酸较高、多不饱和脂肪酸略低,而豆油的多不饱和脂肪酸很高、单不饱和脂肪酸略低,所以二者可以换着吃。也可选用脂肪酸配比较为理想的调和油。

2. 选购食用油的要领是什么?

第一,望。首先察看标签。看清每瓶油标签上的品牌、配料、油脂等级、产品标准号、生产厂家、生产日期以及保质期等。对小包装油要认真查看商标,特别要注意保质期和出厂日期,无厂名、无厂址、无质量标准代码的,千万不要购买。食用油的贮存有一定的期限,生产存放时间较长的油其品质、营养都会受损。按照国家规定,食用油的外包装上必须标明商品名称、配料表、质量等级、净含量、厂名、厂址、生产日期、保质期等内容,还要有 QS 标志。生产企业必须在外包装上标明产品原料生产国以及是否使用了转基因原料,必须标明生产工艺是"压榨"还是"浸出"。

再察看颜色和透明度。纯净的油应该是透明的。油的正常颜色应呈淡黄色、黄色或棕黄色,以浅色为好。如有异样颜色,则是劣质油或变质油,不能食用。一般高品质的食用油颜色浅,低品质的食用油颜色深,芝麻油、小磨油除外。油的色泽深浅也因其品种不同,颜色会略有差异,劣质油比合格食用油颜色要深。油的颜色发深或发黑,就说明精炼度不高,油的品质低下。油的精炼度越高,油的透明度就会越高。透明度高,也说明油的水分杂质少,质量就好。

最后看有没有沉淀和悬浮。纯净的油应该没有沉淀物,也没有悬浮物。好的植物油静置上一段时间后,应该清晰透明、不浑浊。还要注意看看有没有分层现象,如果有分层则可能是掺假的混杂油。

第二,闻。不同品种的食用油有其独特的气味,打开油桶盖,鼻子靠近就可闻到。用手指沾一点油,抹在手掌心,双手合拢摩擦,发热时闻其气味,品质好的油不应有其他异味。闻上去有异味或者有刺激性的味道,说明是劣质油或变质油,不能食用。

第三,尝。将油加热倒出,如果是优质食用油应无沉淀、无杂质。如果有杂质且味苦,则油中可能掺有淀粉等;如果杂质味甜,则油中可能掺有含有糖类杂质。如果加热时出现过多的泡沫,且伴有呛人的带苦油烟味,则都是劣质油或变质油,不能食用。

如果品尝起来,口感带酸味,则这样的油属于不合格产品,有焦苦味的油已发生酸败,有异味的油可能是掺假油。

3. 买调和油还是纯食用油?

调和油是由两种或两种以上的食用油经科学调配而成的高级食用油。市场上常见的调和油,一种是根据营养要求,将饱和脂肪酸、单不饱和脂肪酸和多不饱和脂肪酸按一定比例调配而成的。这种调和油大多采用大豆油、菜籽油、玉米胚芽油、芝麻油、红花籽油、亚麻籽油等植物油调配。另一种调和油是根据风味来调配成的,是将香味浓郁的花生油、芝麻油与精炼的大豆油、菜籽油等调和而成,适合讲究菜肴风味的消费者食用。

一些厂家为了降低生产成本,打起了"擦边球",有的以低价的大豆油等食用油作为调和油的主要原料,冒充高价的花生油、葵花籽油,有的在调和油中偷偷添加质量较差的油。这也是为什么调和油比纯油便宜的原因。就这样,调和油调出来的不是健康,是暴利。还有,调和油的随意勾兑现象比较普遍,而且冠名标志混乱,各种名称都有。在目前市场的情况下,建议消费者还是尽量购买单一品种的纯食用油,自己进行调和比较安全。

4. 如何选购与食用香油?

芝麻油,古称胡麻油,现称麻油或香油,以芝麻为原料加工而成,是日常生活中常用的一种调味品和营养品。芝麻油一般分为小磨香油、机榨芝麻油和普通芝麻油三种。由于麻油价格远高于一般食用油,市场上时有掺假麻油出售。

购买瓶装麻油,务必要查看封口是否严密,并认真查看标签内容(注册商标、配料、等级、净含量、生产日期、保质期、厂名、厂址等)。因麻油主要取其香气,所以购买生产日期越近的越好。凡封口不严、包装不整、标签印刷模糊、内容不详的都不宜购买。

如何鉴别麻油的质量

优质的香油呈棕红色或深褐色,而劣质芝麻油呈褐色或黑褐色。优质香油具有香油特有的浓郁香气,而劣质香油要么气味平淡,要么气味冲鼻,甚至有焦味等。用筷子将一滴香油轻轻滴在平静的水面上,优质香油会呈现一片薄薄的、无色透明的大油花,大油花散开后会形成若干个小小的油滴;劣质香油形成的油花小且厚,也不易扩散开来。

找出两种香油,用两只手的食指各蘸一滴香油,然后分别和大拇指进行摩擦,一分钟后,闻一闻指尖的香油,如果香油未掺伪,则只有香油浓厚的香味;若掺假,则除了香油的香气外,还会夹杂着掺伪油脂的异味;如果是用香精色素勾兑的,则气味刚开始会比较冲鼻,到后来基本上就没有香油味了,而真香油的味道会比较持久,摩擦完半小时,还能闻到指尖的香油味。这种方法简便易行,可靠性较强,最适用于现场鉴别。

由于芝麻油的工艺过程以及成本均比较高,因此在购买时要参照当季的市场价,若是比这个价格明显低很多则最好不要购买,另外,消费者最好选择去正规超市或是商场选购,切记不要因为便宜而选择在一些不正规的小卖部购买。

5. 如何选购食盐?

食用盐属专营产品,应在有食盐零售许可证的商店购买。

购买时,注意观看外包装袋上的标签,应标注产品名称、配料表、净含量、制造或经销商的名称和地址、生产日期、储藏方法、质量等级,各种标志要规范齐全,并贴有防伪碘盐标志。

对甲状腺功能亢进患者,甲状腺炎症患者等极少数人不宜食用碘盐,生活在高碘地区的居民,以及因病不宜食用碘盐的,应到当地盐业公司购买非碘食盐。

注意事项

过量食用食盐会使人类患上很多种疾病。在中国人食盐普遍食用过多。通过全国营养调查,从南方到北方食盐用量从 12 克到 15 克不等,按照世界卫生组织规定的 6 克,我们超了一倍还要多。而且盐吃多了对身体伤害是有直接性影响,所以我们必须对食盐控量食用,清淡为主,科学饮食。

碘盐遇高温会分解成单质碘而挥发掉,故炒菜时不要用盐"爆锅",应等菜八成熟后才放人盐,这样可减少碘的损失。

6. 如何选购与食用酱油?

酱油按生产方法分为酿造酱油和配制酱油。酿造酱油是指纯酿造工艺生产的酱油,不添加任何化学调味液。配制酱油是以酿造酱油为主体,添加酸水解植物蛋白调味液等添加剂配制而成的酱油。配制酱油一般来说鲜味较好,但酱香、酯香不及酿造酱油。

有些消费者认为酱油的颜色越深越好,这是不对的。酱油是调味品而不是调色品。实际上酱油的质量优劣,主要和原料、生产工艺有关,酱油颜色越深,意味着其营养物质氨基酸及糖类消耗得多,因为酱油的颜色源于"焦糖",当颜色深到一定程度,酱油中的营养成分也就所剩无几了。市场上有人用焦糖色素加盐加水混制出来的假酱油之所以能畅行其道,就是迎合部分片面追求酱油颜色深而受骗上当者的心理,而假酱油不具有酿造酱油固有的色泽、香气、鲜味等特点。

如何选购酱油

第一是看。将瓶子倒立,先看瓶底是否留有沉淀,然后正过来看瓶壁是否留有杂物,优质酱油应澄清、无沉淀物,无霉花浮膜。再摇晃瓶子,看酱油沿瓶壁流下的快慢。优质酱油黏稠性较大,浓度较高,故流动较慢;劣质酱油浓度淡,一般均流得较快。将酱油倒在透明的容器中观其颜色,优质酱油应呈红褐色或棕褐色,鲜艳、有光泽、不发乌。如果有光泽且发乌,一般多为添加焦糖色素过多所致。取少量酱油,放入白色瓷碗内,优质酱油含酯类物质多,对碗壁着色力强,附着碗壁的时间也长;劣质酱油含酯类物质

少,附着碗壁的时间短;

第二是闻。用鼻子闻酱油是否有酱香、酯香气,优质酱油应具有浓郁的酱香和酯香气;凡有酸、霉、糖色焦煳等不良气味的,均为劣质酱油;

第三是尝。取少许酱油放在舌尖上品尝其味,优质酱油应咸甜适口,滋味鲜美,诸味调和,醇厚柔长;如果滋味淡薄则质量差;若有苦、酸、涩、霉变等异味,均为劣质酱油。

另外要选购包装上具有 QS 标志的酱油产品,并注意出厂日期和保质期。

选购时还要查看酱油的质量指标和成分表,成分越简单,表明化学成分越少。另外,氨基酸态氮含量越高,酱油的质量就越好,鲜味也越浓。

注意事项

酱油易发生霉变,发霉变质的酱油不宜食用,因此酱油一定要选择合适的方法储存,特别是在夏季,一定要注意密闭低温保存。

酱类食用后易产酸,胃酸过多的胃病患者要慎食。

酱油最好勿生吃。酱油不经过加热也可以食用,但是,人吃生酱油后,对健康很不利。据科学实验证实,伤寒杆菌在酱油中能生存 20 天,痢疾杆菌在酱油中可生存 2 天,有很多人食用不经过加热的酱油拌凉菜吃,这就有发病的危险。

酱油长了白膜不能用。酱油的营养价值很高,在人体所需的20 种氨基酸中含有 17 种。夏天,酱油很容易长出一层白膜,这是由于一种叫产膜性酵母菌污染了酱油后引起酱油发霉的现象,食后对人体有害,所以不能食用长了白膜的酱油。

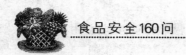

7. 生抽和老抽的区别是什么?

因着色力不同,酱油有生抽、老抽之分。"生抽"和"老抽"是沿用广东地区的习惯性称呼而来,"抽"就是提取的意思,生抽和老抽都是酿造酱油。它们的差别在于生抽是以优质的黄豆和面粉为原料,经发酵成熟后提取而成。生抽着色力弱,颜色比较淡,呈红褐色,做一般的炒菜或者凉菜的时候用得多,吃起来味道较咸。而老抽是在生抽中加入焦糖色,经特别工艺制成的浓色酱油,一般用来给食品着色,比如做红烧鱼等需要上色的菜时使用比较好,吃到嘴里后有种鲜美微甜的感觉。消费者可以根据这两者的特性进行选购。

8. 如何选购食醋?

食醋也是人们生活中必不可少的调味品。现在市场上的醋可谓是多种多样,除了老陈醋、米醋等,又有了保健醋、水果醋、饺子醋等新品种。居民在选购时往往不知所措。与酱油相似,按制醋的工艺流程来分,食醋可分为酿造醋和人工合成醋。质量好的粮食酿造醋,由于其含有丰富的氨基酸、有机酸及糖类、维生素、无机盐、脂类等营养物质,色泽棕红发黑,有食醋特有的香味。吃起来绵、酸,稍甜,柔和醇厚,在口中回味时间长,而合成醋因为不含有上述营养成分,入口后酸味较重。

总的来说,质量好的食醋,应呈琥珀色或红棕色,具有食醋特有的香气,没有其他不良的刺激性气味。液态浑清、浓度适当,无悬浮物、沉淀物,无霉花、浮膜等。吃到嘴里酸味柔和,稍有甜口。质量差的食醋一般杂有异味,或滋味清淡,体态浑浊,有悬浮物。

注意事项

胃酸过多和胃溃疡的患者不宜食醋；因为醋不仅会腐蚀胃肠黏膜而加重溃疡病的发展，而且醋本身有丰富的有机酸，能使消化器官分泌大量消化液，溃疡加重。

老年人在骨折治疗和康复期间应避免吃醋，醋由于能软化骨骼和脱钙，破坏钙元素在人体内的动态平衡，会促发和加重骨质疏松症，使受伤肢体酸软、疼痛加剧，骨折迟迟不能愈合。

空腹不宜吃醋，因为食醋会刺激胃分泌较多胃酸，因此会对胃壁造成损害，可以佐餐用醋，这样对肠道的刺激较小，还可以帮助消化。

9. 如何选购味精？

味精是家用调味料较为常见的一种，其主要成分为谷氨酸钠，其主要作用是增加食品的鲜味，使食品更加美味可口。

优质味精颗粒形状较均匀，色泽洁白有光泽，颗粒间呈散粒状态；而劣质味精颗粒形状不统一，大小不一致，颜色发乌发黄，甚至颗粒成团结块。若将优质味精稀释至 1：100 的比例，其口尝仍感到有鲜味；而劣质味精稀释至 1：100 的比例后，只能感到咸味、苦味或甜味而无鲜味。通常情况下，到正规超市或大型商店购买名牌味精，其质量可有相应的保证。

味精食用与健康

大量谷氨酸令心脏跳动减缓，令心脏收缩幅度增加，令冠状脉管受压缩，很大量的谷氨酸甚至会令心脏停止活动。

孕妇及婴幼儿不宜吃味精，尤其是 1 周岁以下的婴儿最好不要食用。

患有肾病、高血压、水肿等疾病的患者以及老年人应该少吃味

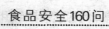

精,因为有些味精中钠含量较高,过多摄入易导致高血压。

注意事项

使用味精时应避免长时间加热和爆炒。当加热到 120℃ 以上,它会因失水而生成焦谷氨酸钠,使鲜味损失,但没有致癌作用。

做菜使用味精,应在起锅时加入,因为在高温下,味精会分解为焦谷氨酸钠,即脱水谷氨酸钠,不但没有鲜味,而且还会产生毒素,危害人体。

使用味精时根据自己的口味感到有鲜味就可以。一般在 500 克菜肴中加入 1~2 克,就能使食物味道鲜美。

对用高汤、鸡肉、鸡蛋、水产制作的菜肴,不必使用味精,因为高汤本身已具有鲜、香、清的特点,使用味精,会将本味掩盖,菜肴口味不伦不类。

对酸性强的菜肴,如糖醋菜、醋熘菜等,不宜使用味精,因为味精在酸性环境中不易溶解,酸性越大,溶解度越低,鲜味的效果越差。

10. 如何选购鸡精?

鸡精是最近几年非常受欢迎的一种调味品,它新鲜鸡肉、鸡骨、鲜鸡蛋为基础原料,通过蒸煮、减压、提汁后,加入盐、糖、味精、鸡肉粉、香辛料、肌苷酸、乌苷酸、鸡味香料等辅助物质,复合而成的具有鲜味、鸡肉味的调味料。可以用于使用味精的所有场合,适量加入菜肴、汤羹、面食中均能达到效果。

注意事项

鸡精含盐较多,所以在加鸡精前菜里要少放些盐。鸡精含核苷酸,它的代谢产物是尿酸,患痛风者应适量减少摄入。核苷酸成分容易降解,最好在加热结束之后起锅的时候再放鸡精。

在鸡精调味品中,既存在以鸡肉为主要原料的产品,也存在以少量鸡肉甚至是不用鸡为原料的"鸡精"调味料产品,因此,由于产品在加工中加入的原料成本的不同,进而其价格也存在一定的差异,消费者在购买时要注意查看相关配料,可根据自身需要选择相应的鸡精。

11. 如何鉴别真假辣椒粉?

优质辣椒粉一般呈土黄色,并可看见很多的辣椒籽与辣椒皮块;而假的辣椒粉色泽呈淡红色,辣椒籽也较少,多以小包的方式出售。

正常辣椒粉应是红色或红黄色、油润而均匀的粉末,是由红辣椒、黄辣椒、辣椒籽及部分辣椒秆碾细而成的混合物,具有辣椒固有的辣香味,闻之刺鼻打喷嚏。

常见的掺假辣椒粉中常掺有麸皮、黄色谷面、番茄干粉、锯末、干菜叶粉、红砖粉或者把质量差的大辣椒研成粉充作优质辣椒面出售。这些都能通过看、闻、摸等嗅觉鉴别出来。

另外一类是鉴别辣椒粉是不是加入了苏丹红,可拿一个容器,取一点辣椒粉放进去,然后加一点我们家里做菜用的食用油,把油加进去搅拌一下,放一放,过几个小时后再来看看,假如颜色很红,那就提示辣椒粉可能加了苏丹红,如果颜色变化不大,那就说明辣椒粉中没有加入苏丹红。

12. 如何选购花椒?

优质花椒的籽粒较大且均匀、壳色红艳油润,果实开口较大,少含或不含籽粒、无枝杆及杂质且无破碎及污染。优质花椒的手感糙硬,并有刺手干爽感,且轻捏即碎,拨弄时会有"沙沙"声响。

染色花椒的辨别方法

染色花椒是一种用染料罗丹明 B 染色后的有毒花椒,"罗丹明 B"对人体伤害很大,是一种致癌物质,卫生部曾明令制止添加罗丹明 B 到食物中。染色花椒用水浸泡后会迅速褪色,而清水变成红色,明显区别于正常花椒。

正常花椒看起来其颜色偏暗,且色调不均匀;而染色花椒其外表看起来十分艳丽、光鲜。

正常的花椒有其特殊的香味,而染色花椒有可能会散发一种染色剂的化学试剂的气味。

用手捏一下,染色花椒所用染料长时间后会发生脱附现象,因此我们也可以通过查看粉末来判断花椒是否染色。

13. 如何选购大料?

大料也就是八角,南方人叫八角茴香,北方人叫大料。大料是人们炖肉时常放的一种调味料,也是加工五香粉的主要原料。它具强烈香味,有驱虫、温中理气、健胃止呕、祛寒、兴奋神经等功效。上等的大料为八个角,瓣角整齐,尖角平直,果皮较厚,背面粗糙有皱缩纹,内表面两侧颜色较浅,平滑而有光泽,腹部裂开,蒂柄向上弯曲。味甘甜,有强烈而特殊的香气。少量加入食物中用来改善味道。做菜时放入的量少,这样每天吃不会有不良反应,也不会影响健康。

近年来市场上已发现用莽草假冒八角茴香的情况。莽草外形上有点近似八角茴香。八角茴香一般为 8 个角,瓣角整齐,瓣纯厚,尖角平直;莽草大多为 8 瓣以上,瓣瘦长,尖角呈鹰嘴状。蒂柄又平又直还稍有点苦,没有大料特有的香气。

莽草有毒，根本不是食用香料，没有八角茴香特有的香气，误食易引起中毒，其症状一般在食后 30 分钟表现，轻者恶心呕吐，严重者烦躁不安，瞳孔散大，口吐白沫，最后血压下降，呼吸停止而死亡。所以要特别防范假冒八角茴香的东西。

14. 如何鉴别与食用桂皮？

桂皮，又称为肉桂、香桂，本品常用于中药，又可用于食品香料或是烹饪调料，是五香粉的成分之一。常见的桂皮分为厚肉桂、桶桂、薄肉桂三种。

优质桂皮其外皮呈灰褐色，断面平整，呈紫红色；而劣质桂皮外皮多呈黑褐色，断面不整齐，若是发现其断面呈锯齿状则有可能是由树皮冒充的。优质桂皮皮细肉厚；而劣质桂皮其质地松酥，折断时也无声响。优质桂皮闻起来香味较浓；而劣质桂皮的香味较淡。优质桂皮尝起来凉味重，少渣，味甜微辛；而劣质桂皮尝起来凉味薄，还会有类似樟木味等其他异味存在。

注意事项

孕妇慎食桂皮，另外一些痔疮、便秘患者也慎用；桂皮一般适宜食欲缺乏、风湿关节炎患者食用。

十、牛奶、乳制品的选购与食用

由于多次出现严重的安全事故，导致国产牛奶和乳制品的口碑不佳。

2012 年 5 月中国乳制品工业协会发布《婴幼儿乳粉质量报告》，认为"目前国产乳制品、婴幼儿配方乳粉的质量安全状况是历史最好时期，消费者可以放心购买"。尽管如此，我们也不能拿自己和家人，尤其是婴幼儿的健康开玩笑，还是应该多了解牛奶及乳制品的知识，掌握牛奶及乳制品的选购方法，以保证自己和家人的安全。

1. 牛奶到底有多少种?

牛奶是最古老的天然饮料之一，是从雌性奶牛身上挤出来的。牛奶口感醇正、香甜，营养价值丰富，因此深受广大消费者的喜爱。

目前市场上的牛奶有的标注为"鲜牛奶"，有的标注为"纯牛奶"，有什么区别呢?

下面简单介绍一下市面上常见的几种牛奶,以便让消费者心中有数。

生鲜牛奶

生鲜牛奶指新挤出的、未经杀菌的牛奶。这种牛奶无需加热,不仅营养丰富,而且保留了牛奶中的一些微量生理活性成分,对儿童的生长很有好处。生鲜牛奶中含有溶菌酶等抗菌活性物质,一般能够在 4℃下保存 24～36 小时。在许多发达国家,生鲜牛奶是最受消费者欢迎的,但价格也最为昂贵。目前,受条件所限,一般消费者很难买到,只能预订后由专门的送奶机构每天早上送到订户家门口。

鲜牛奶(巴氏奶)

鲜牛奶是指将牛奶在 80℃的高温下杀菌 15 秒的牛奶,在产品的包装上会标有"巴氏灭菌"的标示。鲜牛奶因为杀菌比较温和,在杀灭牛奶中的致病菌保证食品卫生的同时,还最大限度的保留鲜奶中的营养成分与特殊风味。不过,也正由于杀菌温度低,鲜牛奶里残留有一定的细菌,所以保质期一般为 7 天左右,而且必须在 2℃～6℃冷藏,由于运输储藏的限制,鲜牛奶也只能就近生产销售。

由于巴氏消毒的鲜牛奶容易在温度高的时候变质,在购买时应注意两点。

第一,尽量买离生产期近的产品。

第二,尽量买在超市冷柜中贮存的鲜牛奶,不要买小摊小贩在常温下销售的鲜牛奶。

纯牛奶(常温奶)

纯牛奶和鲜牛奶最大的区别在于牛奶采用的杀菌方法不一样。纯牛奶要经过 137℃～145℃的瞬间加热,然后进行无菌灌装,达到商业无菌的要求。纯牛奶灭菌温度高,好处是保质期长,大部分能在常温下储存三个月以上。但是在加工过程中,牛奶中对人体有益的菌种也会遭到一定程度的破坏,营养损失较多,乳清蛋白和可溶性的钙、磷等要损失一半左右,维生素 C、维生素 E 和胡萝卜素等都有一定的损失,B 族维生素损失 20%～30%。

大家在购买时应注意,在冷藏柜中保存的是鲜牛奶,在常温中放置的是纯牛奶。

无抗奶

无抗奶是指用不合抗生素的原料生产出来的牛奶,该名词已被大部分人所认识,但它一般不会出现在牛奶的外包装上,因为它是牛奶出厂的指标之一,一般知名厂家出厂的牛奶都应该达到这个标准。

脱脂奶

脱脂奶是把正常牛奶的脂肪去掉一些,使脂肪含量降到0.5%以下,还不到普通牛奶脂量的 1/7。它的营养价值与其他奶产品一样,只是口感差一些。脱脂奶适合患有高血脂、高血压、糖尿病、超重等特殊人群。

如果每天只喝一杯牛奶或酸奶,健康成人和少年儿童并不需要选择脱脂产品,直接喝全脂产品即可,美味又营养。对于中老年人来说,可考虑选择强化维生素 A、D 的低脂产品(脂肪含量为1.0%～1.5%);如果有医嘱要求喝脱脂奶,而每日饮奶数量又达2 杯以上,则可考虑脱脂奶。

舒化奶

舒化奶是通过无菌添加乳糖酶,可将牛奶中 90%以上的乳糖分解,由于牛奶中的绝大部分乳糖预先消化成易于吸收的葡萄糖和半乳糖,因此可以满足不同程度的乳糖不耐受者及乳糖酶缺乏者的饮奶需求。

2. 如何选购与食用酸奶?

酸奶,是以新鲜的牛奶为原料,经过巴氏杀菌后再向牛奶中添加有益菌(发酵剂),经发酵后再冷却灌装的一种牛奶制品。

酸奶的发酵过程使奶中糖、蛋白质有 20%左右被水解成为小的分子(如半乳糖和乳酸、小的肽链和氨基酸等),奶中脂肪含量一般是 3%~5%。经发酵后,乳中的脂肪酸可比原料奶增加 2 倍,这些变化使酸奶更易消化和吸收,各种营养素的利用率得以提高,更加适合某些消费者食用。

喝酸奶的好处

酸奶能促进消化液的分泌,增加胃酸,因而能增强人的消化能力,促进食欲。

酸奶中的乳酸不但能使肠道里的弱酸性物质转变成弱碱性,而且还能产生抗菌物质,对人体具有保健作用。

经常喝酸奶可以防止贫血和癌症,并可改善牛皮癣和缓解儿童营养不良。

制作酸奶时,某些乳酸菌能合成维生素 C,使维生素 C 含量增加。

在妇女怀孕期间,酸奶除提供必要的能量外,还提供维生素、叶酸和磷酸;在妇女更年期时,还可以抑制由于缺钙引起的骨质疏松症;在老年时期,每天吃酸奶可矫正由于偏食引起的营养缺乏。

在晚上喝酸奶好处更多一些。因为从补钙的角度来看,由于夜间人体不再摄入含钙食物,然而钙的代谢却仍在睡眠中悄然进行,因此,睡前食用适量富含钙质的乳品很有必要。酸奶所含有的乳酸有助于人体肠胃在夜间的蠕动,因此晚上喝不仅不会导致消化不良,还有助于防止便秘。

选购注意事项

在购买酸奶前先仔细观察酸奶的包装,现市场中酸奶的包装有很多种类:塑料袋,要查看有无漏包;塑料瓶,要仔细查看封口是否紧密;纸包,要查看是否有破损、胀包、污染等现象。要仔细查看酸奶的包装上的标签是否齐全,是否符合国家标准,特别是产品的成分表以及配料表,便于区分产品是调味酸奶、果味酸奶还是纯酸牛奶,可根据自身的喜好,选择适合自身口味的品种,再根据产品成分表中脂肪含量的多少,选择自身需要的产品。另外,要看清标签上标注的是酸奶还是酸奶饮料,酸牛奶饮料的脂肪、蛋白质含量较低,一般均在 1.5％以下。

正常的酸牛奶,色泽均匀一致,呈乳白色或稍带微黄色;凝块均匀细腻,无气泡,无杂质;具有发酵酸牛奶特有的滋味和清香气味,无其他不良气味。如果酸牛奶变色,凝块破碎,乳清析出或伴有气泡,具有霉味、酒味、酸臭味等,都说明已经变质,不能再供饮用。

3. 如何选购普通奶粉?

奶粉是以新鲜牛奶或羊奶为原料,用冷冻或加热的方法,除去乳中几乎全部的水分,干燥后添加适量的维生素、矿物质等加工而成的食品。

奶粉质量鉴别

第一,看看奶粉颜色。正常奶粉白略带淡黄,全部呈一色为好;如果颜色很深或成焦黄色、灰白色为次。

第二,闻味。正常奶粉有清淡的乳香气。如果已带有霉味、酸味、涩味或苦味等,说明奶粉由于原料不好、包装不严或保管不善等原因已变质。有了严重异味的奶粉则不宜食用。

第三,手捏。捏一捏塑料袋内的奶粉,正常奶粉比较松散柔软,能发出轻微的"吱吱"声。若是用手捏后,感觉发黏、发硬,则说明奶粉受潮吸湿而产生了硬块。结块不严重时,一捏就碎,这种奶粉质量变化不大,还可以食用。若是结块较大,又不易捏碎,则说明奶粉质量不好,不能食用。如果是假奶粉,因掺有葡萄糖、白糖等较粗颗粒,会发出"沙沙"的声音。

第四,摇动。对铁桶包装和玻璃瓶装的奶粉,可轻轻摇动,如发出沙沙声,声音清晰,证明奶粉质量好;反之,上面由于包装不好或贮藏不当而造成吸湿结块,奶粉的质量下降。玻璃瓶装的奶粉,将瓶慢慢倒转,轻轻摇,如瓶底不粘奶粉,则质量正常。如瓶底有粘底结块现象,则质量不好。

第五,冲调。买来的奶粉可以进行冲调检验。用水冲调奶粉可知奶粉的溶解性,从而鉴别奶粉质量的优劣。其方法是在玻璃杯中放1勺奶粉,先用少量开水调和,再多加点水调匀,静置5分钟,水、奶粉溶在一起,没有沉淀,说明奶粉质量正常。如有细粒沉淀,表面有悬浮物或有小疙瘩,不溶解于水,说明质量稍有变化;如产生奶和水分离,奶和水不能相混,说明质量不好,不能食用。

假奶粉用冷开水冲时,不用搅拌就会自动溶解或发生沉淀,若是用热开水冲时,则溶解迅速,没有天然乳汁的香味和颜色,且入口后溶解快,不黏牙,有甜味。

第六,还要注意包装的完整,不透气,不漏粉。包装上注有品名、厂名、生产日期、批号、保存期限,最好选购距出厂日期近的奶粉,争取做到现吃现买。

4. 如何选购婴儿奶粉?

婴幼儿奶粉,是根据不同生长时期婴幼儿的营养需要进行设计的,以奶粉、乳清粉、大豆、饴糖等为主要原料,加入适量的维生素和矿物质以及其他营养物质,经加工后制成的粉状食品。

婴儿奶粉不能含有哪些原料

婴儿奶粉与一般奶粉最大区别在于配方。我国食品安全国家标准规定,婴儿配方食品所使用的原料和食品添加剂不应使用4种原料物质,分别为:危害婴儿营养与健康的物质、谷蛋白、氢化油脂和经辐照处理过的原料。

食品安全新国标中,有关婴幼儿食品的达29项,特别是对近年来食品厂家热衷"攀比"的可选择性添加的DHA(二十二碳六烯酸)、胆碱等成分,也做出了限量要求。

所以在选择婴儿奶粉时,特别要注意婴幼儿在不同的发育期,要有不同配方的奶粉。也不要盲目迷信厂商的广告宣传,选择那些不必要的添加成分,比如"牛初乳"等。

选购婴儿奶粉注意事项

在选购袋装奶粉时,双手挤压一下,如果发现漏气、漏粉等,说明该袋奶粉已有问题,不要购买。

看配料表中是鲜奶还是奶粉。请尽可能选择用鲜奶做原料直接喷粉配制的婴儿奶粉。因为一般用鲜奶喷粉配制的婴儿奶粉比用奶粉配制的婴儿奶粉更加新鲜和营养,而且品质也更有保证。

开罐或开袋后,如果发现奶粉结块或有异味,有可能是变质产品。将37℃左右的温水倒入玻璃杯中,倒入一小勺奶粉并计时。质量好的婴儿配方奶粉应在10秒钟之内自行完全溶解到水中。溶解速度越快,奶粉品质越好。

5. 如何选购奶酪?

奶酪,是牛奶经浓缩、发酵而制成的,其蛋白质、钙、脂肪、磷和维生素等营养成分,含量均比牛奶要高,有"乳品中的黄金"之称。根据水分的多少,奶酪可分为新鲜奶酪与干奶酪,两者的差别在于前者口感柔软、含水量较高,而脂肪与热量相对较少,但钙含量则相对较低;奶酪越干硬,脂肪含量越高,钙的含量也相应提高。

奶酪的性质与酸奶有相似之处,都是通过发酵过程来制作的,也都含有可以保健的乳酸菌,但是奶酪的浓度比酸奶更高,近似固体食物,营养价值也因此更加丰富。每公斤奶酪制品由 10 公斤的牛奶浓缩而成,是纯天然的食品。就工艺而言,奶酪是发酵的牛奶;就营养而言,奶酪是浓缩的牛奶。

哪些人不宜多吃奶酪

奶酪是牛奶中高营养成分提炼的精华,因此其中所含的油脂成分偏高,吃多了不容易消化,不适合肠胃不好的人食用。但奶酪营养丰富,适合体质不好的人食用。

十一、糖类、蜂蜜、罐头和
糕点的选购与食用

很多人拿面包、糕点或饼干等充饥,却不知摄入了较高的糖分和能量,容易患上肥胖症,甚至吃入变质有毒的东西。另外,很多经过加工制作的食品,食用方便、美味可口,却不见得真正有营养,有的甚至危害健康。所以,掌握一些食品安全知识,有助于帮助我们既能享受口福,又能保持身体健康。

1. 如何选购与存放食糖?

食糖按颜色可分为白糖、红糖和黄糖。颜色深浅不同,是因为制糖过程中除杂质的程度不一样。白糖是精制糖,纯度一般在99%以上;黄糖则含有少量矿物质及有机物,因此带有颜色;红糖则是未经精制的粗糖,颜色很深。

白糖易受污染

人们最常吃的是白糖,但在运输、贮存过程中,白糖容易受病原微生物污染,尤其是容易被螨虫污染。如果螨虫进入消化道寄生,会引起不同程度的腹痛、腹泻等症状,医学上称之为"肠螨病"。如果螨虫浸入泌尿系统,还可能引起尿频、尿急、尿痛等症状。直接做凉拌菜用的糖、给婴幼儿或老年人食用的糖更需要特别注意。建议最好将添加白糖的食物加热处理。加热到70℃,只需3分钟螨虫就会死亡。家庭购买白糖量不宜过多,尤其是夏天气温高,更不可以久存。购买的食糖宜贮藏在干燥处,并加盖密封。

2. 如何选购与食用果冻?

果冻是由食用明胶加糖、水和果汁混合制作而成,多呈半固体状,现已成为较为时尚的休闲食品之一,特别是深受儿童的喜爱。

在选购果冻时不可只注重那些颜色鲜艳的,那些颜色过分鲜艳的果冻往往其中添加了大量的色素,食用过多会给人体带来一定的危害。在购买产品前要养成查看食品标签的好习惯,注意查看产品的生产日期、保质期、生产厂商等主要信息,千万不要购买了过期的或是不正规的食品,另外,对于标签中的配料表也要仔细查阅,看是否添加了甜味剂与防腐剂,因产品中的甜味剂与防腐剂大部分均是人工合成的添加剂,食用过多会对身体造成危害。购物时最好是到一些正规的或是较大的商场或是超市购买,切记不可因为贪便宜在一些非正规的小摊位购买不合格的产品。

注意事项

3岁以下的儿童最好不要喂食果冻,特别是不能让其单独食用,另外,在为儿童购买果冻时最好选择直径超过3厘米以上的,防止儿童直接吞食而导致窒息。若是发现儿童因吞食发生窒息时,应首先将孩子翻转过来,使其面部朝下,放在膝盖上,然后在其后背的中心连拍 5 次,若是孩子还是没有将吞食的果冻吐出来,则再将其翻过来在胸部向下压 5 次,每次要压两到三厘米。

一些商贩为了吸引消费者的眼球,在果冻的加工过程中添加了过量的或是国家明令禁止的色素,使果冻的颜色看起来鲜亮、诱人,但是所加入的色素大多是人工合成的添加剂,若是过多食用会对人体健康造成一定的危害,特别是幼儿,要少食果冻。

3. 如何选购与食用口香糖?

口香糖可是世界上最古老的糖果之一。口香糖可分为含糖口香糖与无糖口香糖,其中含糖口香糖中所含的糖主要是蔗糖,而无糖口香糖是指其中不含蔗糖而是含有其他糖的代替品,比如木糖醇、山梨醇等。口香糖作为休闲食品之一,深受人们的喜爱。

口香糖的基质黏性很强,能除去牙齿表面的食物残渣,咀嚼运动,机械刺激又能增加唾液的分泌,冲洗口腔表面,有一定的清洁口腔的作用。咀嚼口香糖,促进了面部血液循环与肌肉的锻炼,对牙齿颌面的发育有促进作用。咀嚼口香糖,唾液分泌增多,可促进消化。

在挑选口香糖时不仅要注意其上面标注的无糖、有糖,最好是挑选标有"木糖醇"的口香糖,因为木糖醇没有致龋作用。优质口香糖其包装应整齐、洁净无变形、无损坏现象,且包装上的标签与印刷规范符合国家要求。

注意事项

许多胃肠专家认为,空腹时嚼口香糖,会出现恶心、头晕等不良反应,容易引起胃炎和胃溃疡;在饭后漱口后咀嚼木糖醇口香糖对牙齿是有益的,可以增强牙齿的防龋能力。但是时间不要超过

20 分钟,否则咀嚼口香糖时分泌的消化液会损伤胃粘膜。

4. 如何鉴别巧克力的品质?

巧克力,是以可可脂、白砂糖、乳制品、可可粉、食品添加剂以及可可浆为主要原料制成的一种甜食,巧克力的核心原料是可可脂与可可粉。其不但口感细腻甜美,而且还具有一股浓郁的香气。

常见的巧克力有棕、黄、白、黑等颜色,其外观光洁明亮。巧克力可以直接食用,也可用来制作蛋糕、冰淇淋等。但是由于其所含的热量与糖分较高,患有糖尿病以及减肥者慎食。现在,市场上经常出现一些劣质的巧克力,与其他食品一样,巧克力的品质鉴别同样要看色、香、味。

第一,看。好的巧克力色彩协调、造型自然光滑,没有气泡和其他瑕疵。最好的巧克力在形状和设计上技术含量高。

第二,闻。好的巧克力在打开盒子时就会闻到其特殊的香味。优等的巧克力拥有着新鲜、浓郁的芳香。而不是由于添加一些人工香料和防腐剂而发出的过度浓香或者甜腻的味道。

第三,尝。新鲜的优等巧克力拥有非常强烈而不失精准的风味和因不同质地而致口感的细微差别。从天然可可豆中提炼的纯可可脂,它的溶点和人的体温相近,因此含在嘴里很快就会变成细滑的液体。

注意事项

如果保存得当,纯巧克力可以放一年以上,牛奶巧克力及白巧克力不宜存放超过 6 个月。因为牛奶及坚果的保存期限不长,含较多牛奶成分、添加坚果类的巧克力产品的保存时间也相对缩短,购买时要注意生产日期,还要记住越快吃完越好。

5. 如何选购与食用蜂蜜?

面对超市货架上琳琅满目的蜂蜜,很多人不知道如何挑选。最大的问题还是蜂蜜造假,假蜂蜜有害健康,令人担心。

那怎么能买到真蜂蜜呢? 建议还是别到小店、小贩那里去买散装蜂蜜。要到规范的销售地方买有信誉品牌的包装产品。瓶装蜂蜜最起码要通过 QS 认证,有生产许可证,符合国家标准。如果没有这些,那肯定不是正规产品,其质量难以保证。

另外,国家标准对蜂蜜的真实性有要求:蜂蜜中不得添加任何当前明确或不明确的添加物;如果在蜂蜜中添加其他物质,不应以"蜂蜜"或"蜜"作为产品名称或名称主词。所以,如果你看到包装标签的配料成分表上有其他添加成分,那就不是蜂蜜了。

没有奇花异草的蜂蜜

目前市场上有出售雪莲花、益母草花、苹果花、玫瑰花、银杏花、桂花、金银花等蜂蜜,以珍奇稀缺或宣称有功效来吸引眼球。其实这些蜂蜜根本就不存在。苹果花蜂蜜根本达不到商品蜜的产量。银杏花本身没有蜜,益母草花只在特殊年份里才能采蜜,一般情况下只够蜜蜂自己消耗。

一般来说,单瓣的花产蜜多,花瓣很多的花则不易有蜜。桂花、金银花和玫瑰花蜜一样,都可能是用含苞的花蕾在高浓度蜜中浸泡出来的,与蜜蜂直接采的蜜是根本不同性质的产品。总之,以上这些的蜜大多不是天然蜜,别去相信和购买。

蜂蜜存储与食用

蜂蜜含有多种糖,主要是果糖和葡萄糖,含量一般在 $60\%\sim80\%$。果糖和葡萄糖容易被人体吸收。蜂蜜含有各种维生素、矿物质、氨基酸和各种酶。服用蜂蜜可促进消化、吸收,比较适合虚弱无力、老年体虚、消化不良等人群。

　　蜂蜜不能用铁容器存储,用玻璃容器为好。蜂蜜应密封保存,取用蜂蜜的工具应洗净擦干,防止水分进入蜂蜜中引起发酵变质。

　　蜂蜜中酶及维生素等生物活性物质热稳定性较差。所以,蜂蜜宜用 40℃ 以下的温水冲服,切不可用开水冲对和高温蒸煮,以免降低蜂蜜的营养价值。另外,用开水冲对的蜜水,蜜香味易挥发,滋味改变,食之有不愉快的酸味。

6. 如何选购蛋糕?

　　蛋糕一般是用鸡蛋、白糖、小麦粉为主要原料,以牛奶、果汁、奶粉、香粉、色拉油、水、起酥油、泡打粉为辅料,经过搅拌、调制、烘烤后制成的一种点心。随着我国食品行业的不断发展,各种口味的蛋糕应有尽有,深受广大消费者的青睐。但是,一些不法商贩为了提高自己的利润,在出售时以次充好,让消费者无从辨别,不仅经济上遭受了损失,更给健康带来了隐患。因此,消费者需谨慎选购。

　　购买蛋糕时,要看外形是否完整,质量好的无破损、无塌陷,外表金黄色,色泽均匀,无焦斑,剖面淡黄,呈蜂窝状,小气孔分布均匀,无杂质与粉块,带馅类的馅料分布适中。蛋糕的手感松软有弹性,爽口,甜度适中,有蛋香味及该品种应有的风味,无杂质。优质蛋糕闻起来会有一种鲜香味,而劣质蛋糕闻起来则会有一种霉味、酸味或是其他异味存在。

7. 如何选购与食用罐头食品?

　　第一,看包装。观察外包装是否整洁干净,字迹印刷是否清晰,标签是否完整正规。如果印刷质量差,字迹模糊不清,标注内容不全,未打生产日期钢印,则很可能是冒牌产品,质量很难保证。

第二,查内质。质量好的玻璃瓶装罐头内容物呈原料食品固有的自然、新鲜色泽,块形、大小基本一致,完整不松散。若是水果罐头,水果颜色不应发生褐变,糖水清亮透明,除允许有极轻微的果肉碎屑沉淀外,应无杂质、无悬浮物。对金属罐包装的产品,其表面应清洁无斑锈,底和盖稍凹进,焊缝和底部卷边无损伤,封门严密不变形。如发现金属罐的内外壁或罐盖有因腐蚀引起的生锈等现象,千万不要购买和食用。

第三,防"胖听"、"漏听"。正常水果罐头底和盖的铁皮中心平整或呈微凹状,无泄漏现象。当被微生物污染失去食用价值时,水果罐头便经常会出现"胖听",即罐头底和盖的铁皮中心部分凸起,这是罐内的细菌繁殖产生气体,致使罐内压力大于空气压力造成的。"漏听"是指密封失灵有泄漏的罐头。金属罐包装的产品在运输过程中受物体碰撞,常出现外壁内陷,致使空气容易进入,造成内容物腐败变质。

最后提醒,消费者如购买商场中挂牌减价处理的罐头产品,必须仔细核对生产日期、保质期,认真察看外包装的完整性。

注意事项

水果罐头中的维生素因为经过加热处理以及存放时间长等原因,会有相当多的损失,所以,长期吃罐头食品不利于维生素的补充。因此,儿童应该少吃,老人也不能长期大量食用。由于水果罐头含糖量比较高,所以糖尿病患者不宜大量食用。

开封后宜尽快食用:罐头食品开盖后,很容易造成微生物的大量繁殖,引起产品变质,失去食用价值。建议消费者在食用时,尽量一次食用完毕,以防止腐败变质而造成食物中毒。

8. 如何选购月饼?

　　根据我国的传统习俗,人们在中秋那天会吃月饼,且各地的口味都不同。由于消费者在购买时不能准确辨别,难免买到一些劣质的月饼。因此学会一些简单的选购方法是必要的。

　　购买月饼时,要看其外形是否完整、丰满,面皮是否光洁油润,图案花纹是否清晰,色泽是否均匀,月饼四周是否饱满分明,底部丰整。如果月饼周围是凹进去的,又呈白色状,说明月饼焙烤未熟透。质量好的月饼,饼皮厚薄均匀,皮饼比例适当,馅料饱满,软硬适中,果仁、子仁分布均匀,不缩皮,不空膛,不黏,手感皮质松软、香滑油润。蓉馅类的,馅心不硬,软滑,不粘牙;果仁类的,馅心果仁清晰可见,无杂质,具有该品种特有的风味。

十二、水和饮料的选购与饮用

生活中离不了喝水,在满足解渴的同时,人们还要追求饮用时的美味。当不断有新的概念来刺激我们的胃口和购买欲时,消费者应该掌握水和饮料的安全知识,保持理性消费。

1. 喝什么水最安全?

矿泉水

矿泉水主要来自地下深层。由于地质结构和岩层形成的年代不同,各种矿泉水中所含矿物质的量及种类存在很大差异。优质矿泉水的特点通常是低钠,矿物质含量适中,含有一种或几种特征性微量元素。

纯净水

纯净水,是指不含杂质的水,从学术角度讲,纯水又名高纯水,是指化学纯度极高的水,其主要应用在电力、宇航、化学化工、冶金、电子、生物等领域。

纯净水是市场上销售的蒸馏水、太空水、离子水等的合称。它是以符合生活饮用水卫生标准的水为水源,采用蒸馏法、电渗析法、离子交换法、反渗透法及其他适当的加工方法去除水中的矿物质、有机成分、有害物质及微生物等,经过深度净化,制得纯度很高、没有任何添加物的可直接饮用水。

矿物质水

矿物质水通常以城市自来水为水源加工成纯净水,然后添加矿物质类食品添加剂制成,由于无法像水中的天然矿物质那样被人体细胞有效吸收,矿物质水并不能取代矿泉水,单靠矿物质水补充身体所需的元素是不合理的。

山泉水

山泉水,是我国民间特别认可的一种饮用水,而在我国民众的普遍认知中,山泉水是流经无污染之山区,经过山体自然净化作用而形成的天然饮用水。水源可能来自雨水,或来自地下,并暴露在地表或在地表浅层中流动,水在层层滤净与流动的同时,也溶入了对人体有益的矿物质成分,虽然矿物质的含量不如天然矿泉水有严格要求,但比起经过深度净化的纯净水或从天然湖库取得的地表水,以及自来水等,有益微量成分更高,但同样亦对水质的洁净程度与安全性有更高的要求。

平时饮水还是喝白开水好,瓶装水或桶装水可作为自来水的一种补充。

2. 如何选购桶装水?

在选购桶装水时,第一要防假冒伪劣。有一些厂商没有符合卫生标准的厂房、设备,却到处推销"纯净水"。有的是将别厂的水灌装在标有本厂标志的桶内,或用劣质塑料桶装水,有的干脆直接灌装自来水。他们以价廉为诱饵,促使消费者上当受骗。据有关部门披露,这些水的微生物严重超标,污染严重,饮用者极易引起疾病。因此,消费者应选购品牌信誉好、质量稳定的品牌和水站。

第二要看水质。合格的纯净水,水质应清澈透明,口感应无异味、无涩感。如果水中有悬浮物或发浑等情况,则是不合格的所谓纯净水,不能饮用。

第三要观察水桶。正规水桶底标有生产厂家、生产日期、合格证、防伪查询标志和 QS 认证,多为浅蓝色或无色,系以 PET、PC 材料制成。合格的水桶透明度很高,成色晶亮,无味,无接缝,桶底有注册商标。不合格的塑料桶,颜色发灰,透明度差,有杂质或晶点,无商标,抗冲强度也不够。不合格的装水塑料桶,不仅容易破损,而且对水质也有影响,故应拒绝使用。

第四是看外包装。正规厂家生产的桶装纯净水,桶上贴有商标,标注齐全,桶外面用的塑料包装袋质地较牢,印刷商标比较细致。

3. 如何选购瓶装水?

跟桶装水一样,瓶装的饮用水也有矿泉水、纯净水、矿物质水之分。

在购买瓶装饮用水时,首先应选择品牌产品,瓶装饮用水已纳入质量安全市场准入制度管理,产品上应有"QS"标志。

第二是检查产品包装容器是否完整、干净、密闭。一定要挑瓶子厚薄适中的,手捏不会轻易变形。瓶子的透明度最好自然,有些太过透明的塑料瓶,可能是加入了含双酚 A 的透明剂,这种物质对孕妇、儿童都会造成不良的影响。有颜色的瓶子可能含有某些重金属原料,这些物质溶解于水中后也会影响饮用者的身体健康。

合格的瓶子,不会带有杂质和黑点。

第三是检查标签的标注是否清晰,标注应该包括产品名称、净含量、制造者名称、地址、生产日期、保质期、产品标准号等。

第四是要识别水的质量,合格的瓶装水应无色、透明、清澈、无异味、无肉眼可见物。另外,矿物质饮用水及营养素强化水等,所含各类营养素指标应当符合国家标准。

4. 哪些饮用水不够安全?

千滚水

千滚水即在火炉上长时间沸腾的水,或是在电热水器中反复煮沸的水,这种水因其煮沸时间过久,水中的非挥发性物质如镁、钙等重金属成分和亚硝酸盐等含量会变高,长时间饮用这种水,对人的胃功能会产生干扰作用,出现暂时性的腹泻、腹胀;若是长期并大量饮用,还会造成机体缺氧,严重者会昏迷、惊厥甚至死亡。

隔夜自来水

所谓的隔夜自来水就是指清晨从水龙头中一开始放出的水,在生活中大部分的人习惯在起床后,一打开水龙头的水就开始用来洗脸、刷牙等,甚至有的直接饮用此类水。因为隔夜水龙头中往往会隐藏一种嗜肺军团杆菌的细菌,人若是感染了该类细菌,便有可能会得一种症状类似肺炎的病,得这种病的患者可能会出现抑郁、烦躁、神志模糊、胸痛等中枢性神经症状,有的甚至还会伴有恶心、呕吐等消化道症状,更为严重的会使人致死。所以,在日常生活中,我们应先将自来水打开冲10秒钟后,再使用较好,为了避免水资源的浪费,可用盆接住这类水用来浇花、洗衣服等。

未煮沸的水

现人们常用的自来水均是经氯化消毒灭菌处理过的,但是其中仍含有一些有毒物质,当该类水在未煮沸时,特别是在达到90℃时,水中卤化烃的含量急剧上升,甚至超过了国家饮用水卫生标准中规定的卤化烃含量的2倍,然而煮沸后其水中的含量则已降到了安全标准范围内。饮用未煮沸的水,增加了患直肠癌、膀胱癌的几率。

5. 哪些人不适合运动饮料?

大多数运动饮料中含有牛磺酸、咖啡因等成分,能够直接作用于中枢神经,小剂量服用可以消除睡意,提高工作效率,但大剂量服用则可引起急躁、紧张、震颤、失眠和头痛等症状,直接损害肝、胃、肾等重要内脏器官,长期服用可导致成瘾。适当饮用维生素功能饮料能补充人体所需的维生素,但如果补充过多,会造成维生素中毒。运动饮料含有钠、镁、钾、钙等电解质,是为了维持人体大量出汗后电解质平衡,适合在剧烈运动后饮用。对没做运动及没大量流汗的人来说,饮用后容易导致这些电解质摄入量超标。运动饮料中的钠、钾等元素还会增加机体负担,带来心脏负荷加大、血压升高等负面影响。因此,患有高血压和心脏病的人群最好别喝。肾衰患者绝对不能饮用运动饮料,钠、钾离子的摄入会加重肾脏负担,导致肾病恶化。

老人、儿童都不适合摄入运动型饮料,因为过度补充人体不缺乏的物质,反而会对体液平衡造成干扰。

6. 为什么说碳酸饮料要少喝?

碳酸饮料的主要成分包括:碳酸水、柠檬酸等酸性物质、白糖、香料,有些含有咖啡因,人工色素等。除糖类能给人体补充能量外,充气的"碳酸饮料"中几乎不含营养素,多喝对身体有害无益。

碳酸饮料释放出的二氧化碳很容易引起腹胀,并会影响食欲,甚至造成肠胃功能紊乱。同时,饮料中含有的大量糖分除有损牙齿健康外,还因为过多的糖分被人体吸收后会产生大量热量,长期饮用非常容易引起肥胖。

1升装的大瓶可乐饮料中含糖超过80克,其热量相当于儿童一日三餐的总和,饮料带走的不仅是孩子们的胃口,还会破坏正常代谢,诱发胃肠道疾病,并把钙、铁、铜等营养物质统统给"冲"走。研究表明,偏爱碳酸饮料的儿童中,约六成因缺钙而影响正常发育。特别是可乐型饮料,因磷含量过高,过量饮用会导致体内钙、磷比例失调,造成发育迟缓。因此,青少年最好少喝碳酸饮料。因为它不仅对骨峰量可能产生负面影响,还可能会给将来发生骨质疏松症埋下伏笔。

碳酸饮料因含有二氧化碳,能起到杀菌、抑菌的作用,还能通过蒸发带走体内热量,起到降温作用。但是,靠喝碳酸饮料解渴是不正确的。碳酸饮料中含有大量的色素、添加剂、防腐剂等物质,这些成分在体内代谢时反而需要大量水分,而且可乐含有咖啡因也有利尿作用,会促进水分排出,所以碳酸饮料会越喝越渴。

7. 如何选购茶饮料?

中国是茶树的故乡,中国人很早以前就开始饮用茶,茶也是世界最受欢迎的饮料之一。

选购要点

消费者在选购茶饮料时最好到正规渠道购买知名品牌的产品,选择有 QS 标志的产品。注意产品的标签标志,茶饮料的标签应标明产品名称、产品类型、净含量、配料表、制造者(或经销者)的名称和地址、产品标准号、生产日期、保质期。花茶应标明茶坯类型;淡茶型应标明"淡茶型";果汁茶饮料应标明果汁含量;奶味茶饮料应标明蛋白质含量。

目前,市场上茶饮料存在的主要问题:

一是标签不合格,缺少标注防腐剂、甜味剂、着色剂的具体名称。

二是由于企业偷工减料而使茶多酚、咖啡因等茶的有效成分含量低。对于标注内容不全、成分不清的茶饮料应避而远之。茶汤饮料应具有茶类应有的色泽,透明,允许稍微有沉淀;果味及果汁茶饮料呈茶汤和类似某种果汁应有的混合色泽,果味茶饮料应清澈透明,允许稍有浑浊和沉淀。果汁茶饮料应透明或略带浑浊,允许稍有沉淀;碳酸茶饮料具有原茶类应有的色泽,透明,允许稍有浑浊和沉淀;奶味茶饮料浅黄色或浅棕色的乳液,允许有少量沉淀,振摇后仍呈均匀状乳浊液;其他茶饮料应具有品种特征性应有的色泽,透明或略带浑浊,允许稍有沉淀。另,所有饮料均无肉眼可见的外来杂质。

三是罐装饮料如发现凸起,说明其质量有问题;各种瓶装茶饮料倒置时,均不应有渗漏现象;如饮料颜色太黏稠、太鲜红或颜色异常,则质量不佳。

8. 为什么不宜夸大苏打水的保健功效?

苏打水是碳酸氢钠的水溶液,可以天然形成或者用弱碱泡腾片、苏打泡腾片以及机器人工生成。

不少苏打水饮料包装上印着"补充体力、平衡身体酸碱度","碱性饮品、有益健康"等字样。商家广告宣传说:苏打水有改变酸性体质、养胃、缓解消化不良和便秘症状、美容、解暑、解酒等功效。

苏打水的功效有那么神奇吗？

苏打水的作用因人而异，因量而异。它不是药，起不了治病的作用。适量的苏打水可中和胃酸、缓解消化不良，胃酸过多的人适量喝一些苏打水可以缓解不适。胃酸分泌过少的胃炎患者，不要大量饮用苏打水，因为苏打水能中和胃酸，从而加重胃酸缺乏。胃溃疡的人过量饮用苏打水可能造成胃部穿孔。长期过量摄入小苏打还会造成维生素缺乏，引起缺铁性贫血。

我们应理性对待苏打水所谓保健的功效。健康人群专门饮用苏打水并没有意义。

苏打水的选购

消费者在选购和饮用苏打水时特别要留意，先看一看苏打水是否纯清透明，是否有絮状物。再摇一摇，仔细查看一下水中是否有杂质，如发现瓶装水内有杂质，千万不能饮用，并及时向相关部门举报或投诉。

9. 怎样喝咖啡才不会危及健康?

咖啡中含有咖啡因，咖啡因可以让神经系统兴奋而造成失眠或神经紧张。而且摄取过多的咖啡因，容易发生耳鸣、心脏机能亢进，就是心脏跳动迅速、脉搏次数增加，及脉搏跳动不均，所以必须适量饮用咖啡。

饭前也不宜喝咖啡，因为这时喝咖啡，会使咖啡因吸收加快，易使人精神兴奋，从而使胃液大量分泌，而到吃饭时反而降低了食欲。长期下去，还会引起胃炎或胃部不适等症状，尤其是有胃溃疡的人更应谨慎。因此餐后饮咖啡较好。

哪些人不宜喝咖啡

喝咖啡会加重心脏急症和高血压。对于那些患高血压、冠心病、动脉硬化等疾病的人来说,长期或大量饮用咖啡,可引起心血管疾病。每天摄入咖啡因的必须控制在 200 毫克以内,即每天喝咖啡不超过 3 杯。

中老年妇女大量饮用咖啡,会影响身体对于钙质的吸收、引起骨质疏松,而实际上妇女绝经后,每天需要加十倍的钙量。

胃病患者喝咖啡过量可引起胃病恶化。大量喝咖啡影响食欲,可能会引起呕吐和痉挛,也可能出现胃炎和舌苔厚腻,因而会使身体感到疲乏无力。

孕妇和哺乳妇女不宜喝咖啡。孕妇饮过量咖啡,可导致胎儿畸形或流产。哺乳妇女喝咖啡,咖啡因会随乳汁进入孩子体内,使孩子烦躁不安、不能入睡。

儿童的肝、肾的发育不完全,解毒能力差,使得咖啡因代谢的半衰期会延长,所以一般说来,12 岁以下儿童是需要禁止摄取咖啡因的。

10. 怎样选购与饮用果汁饮料?

果汁饮料是在果汁(或浓缩果汁)中加入纯净水、糖液、酸味剂等调剂而成的清汁或浑汁的制品,要求成品中的果汁不应低于 10%。

在选购果汁饮料时,要注意下面几点:

第一,看清标签。果汁饮料包装的标签上均应标明产品内容物的配料表:鲜榨浓缩汁、鲜果浆、纯净水等成分的百分比。如果只标明使用甜味剂、酸味剂、纯净水、食用色素和香精等为主剂的"果汁"则属果味饮料而不是果汁饮料,切勿不加区别而误购。

第二,检查果汁的外观:凡不带果肉的透明型饮料应透明,无任何漂浮物和沉淀物;不带果肉且不透明型饮料应均匀一致,不分层;果肉型饮料可看见不规则的细微果肉,并允许有一定的沉淀。

凡包装封口不严,标签不明,印刷不精良,内容物可疑、变质以及胀包、胖听的果汁饮料,一定不要购买。另外,果汁饮料在保质期内越早饮用越好,这样才能获得较佳的风味和营养。

注意事项

喝果汁不可以代替吃水果。新鲜的果汁与新鲜的水果较接近,但喝果汁并不能代替吃水果。当水果压榨成果汁时,果肉和膜在去除的过程中,维生素C随之减少;另外,果汁类饮料通常要经过高温消毒处理,不少营养成分也会因此而失去。水果中的植物纤维在榨汁时有可能被破坏。

不可代替白开水。果汁类饮料中,或多或少会加入添加剂,如大量饮用,会对胃产生不良刺激,还会增加肾脏过滤的负担。

果汁饮用要适量。果汁中大量的糖一般不易被人体吸收利用,而是从肾脏排出,若是长期过量饮用,可能会导致肾脏病变,产生"果汁尿"的病症。同时,过多摄入果糖不仅易引起消化不良,有的甚至还会产生酸中毒现象。

果汁不可与药物同时服用。果汁中含有大量维生素C,呈酸性,如将一些不耐酸的或碱性的药物与果汁同服,不仅会降低药效,还会引起不良反应。如磺胺药与果汁同服,会加重肾脏的负担,对患者健康不利。

婴幼儿不宜食用果汁饮料。妈妈们给宝宝吃果汁,最好是自制的果汁,千万别贪图方便选用有其他成分的果汁饮料。因为果汁饮料不是纯果汁,还可能含有婴儿不宜吃的成分,可能对宝宝身体造成伤害。严格控制宝宝每日果汁摄取总量,不能过量饮用。有条件应多给宝宝吃新鲜水果,最好打成果泥食用,营养更加全面。

购买现榨饮料要小心

许多人喜欢在外面买现榨饮料,认为用新鲜的果蔬现场榨,原料新鲜有营养,比添加各种添加剂的瓶装果汁饮料要好。看到现榨饮料受欢迎,不少商家包括快餐店、饮品柜、咖啡厅、歌厅等也纷纷销售现榨饮料。现榨饮料好不好,我们得看看它是怎么做出来的。如果制作现榨饮料的场所很小,没有专用、独立的加工场所或操作间,没有专人进行现榨饮料制作,这样的饮品店和饭店,别去光顾。他们连制作现榨饮料的基本条件都没有,安全没保障。

看看饮品店和饭店里现榨饮料制售操作区内有没有洗手池、洗食物的水池和消毒池,有没有空调和放果蔬的冷藏箱,如果没有,还是避而远之吧。

十三、酒类的选购与饮用

常饮烈性酒或过量饮酒对人体健康有害。贪杯无度者更会因酒精中毒而招致种种病变,甚至危及生命。古代名医扁鹊有"过饮腐肠烂胃"之说,李时珍在《本草纲目》中写道:"过饮不节,杀人顷刻"。

1. 酒类包括哪些类型?

酒是用粮食、水果等含淀粉或糖的物质发酵制成的含乙醇(酒精)的饮料。酒的种类很多,常见的有白酒、黄酒、啤酒、葡萄酒等,还可细分为多种类型。

酒精无需经过消化系统而可被肠胃直接吸收。酒进入肠胃后,进入血管,饮酒后几分钟,迅速扩散到人体的全身。酒首先被血液带到肝脏,在肝脏过滤后,到达心脏,再到肺,从肺又返回到心脏,然后通过主动脉到静脉,再到达大脑和高级神经中枢,对人的生理和心理产生奇妙的作用。酒精对大脑和神经中枢的影响最大。

2. 为什么适量饮酒有益健康？

现代医学认为：饮酒"少则益，多则弊"。少饮能增加唾液、胃液的分泌，促进胃肠的消化与吸收，增进血液循环。适当饮酒，能加速血液循环，活血化淤，减轻心脏负担，有效地预防心血管疾病；令人精神兴奋，增加食欲，消除疲劳。

由于果酒、黄酒、啤酒等低度酒含有各种氨基酸以及维生素，经常适量小酌无疑有好处。如有条件能坚持常饮少量原汁葡萄酒，既有助于强心补血，软化血管，又可对多种贫血症者有裨益。因为葡萄酒除含糖、醇、酸类、蛋白蛋、矿物质、酯、氨基酸等人体所需物质外，还含有维生素 C、维生素 B_6、维生素 D 等多种维生素。为此，有些医生建议低血压患者每日可坚持喝 30～50 毫升葡萄酒。啤酒，因其含有二氧化碳有消暑解热之奇功，是夏季的一种理想的清凉营养饮料，不仅能解渴，而且能助消化、健脾胃。

有生理学家测定，人们在适量饮酒之后，体内的胰液素比饮酒前有明显增加。这种由人的胰脏分泌出的消化性激素，对人的健康是极为有利的。随着年龄的增长，特别是当人生步入中老年之后，人体的各种功能开始衰退，适当饮点酒是有益的。

3. 为什么过量饮酒有害健康？

饮酒过量，对人体的危害很大。酒精对人体的危害主要有以下几个方面：

损害神经系统。长期过量饮酒，可损害神经系统，引起智力下降，记忆力减退。

损害内脏。过量饮酒，酒精可使心脏功能减弱，胃及胰腺发生炎症,损害肝细胞,形成脂肪肝或肝硬化,使肝脏抗感染力下降等。酒是诱发肝癌的罪魁祸首,长期大量饮酒可造成肝细胞代谢紊乱,致肝内多余的甘油三酯难以被大量清除掉,结果导致乙醇性脂肪肝形成。长期的过度饮酒,通过乙醇本身和它的衍生物乙醛可使肝细胞反复发生脂肪变性、坏死和再生,而导致酒精性肝病,包括酒精性脂肪肝、酒精性肝炎、肝纤维化和肝硬化。最终在肝组织反复破坏和修复过程中,发生基因突变终成肝癌。

可造成动脉硬化。长期过量饮酒,能促进内源性(肝脏)胆固醇的合成,使血浆胆固醇及甘油三酯浓度升高,造成动脉硬化,同时可引起高血压和冠心病。

可导致死亡。人们饮用的酒中含乙醇 75～80 克,有可能引起中毒;若达到 250～500 克,有可能导致死亡。

饮酒还会影响性功能和遗传等。

4. 如何控制每天饮酒的量?

人的酒量大小不一,其原因是每个人肝脏中的醇脱氢酶和醛脱氢酶的含量不尽一致,若这两种酶含量高,乙醇进入机体后代谢速度快,乙醇便不易潴留,所以酒量大,反之酒量则小。人们饮酒时,要根据酒量大小适可而止。酒量大的人,也不能暴饮或酗酒。

据科学家研究,人们一天饮白酒 40 克最适宜,体重 60 公斤的成年人,每天饮酒不能超过 60 克;补酒每次饮用 20～40 克,早晚各服 1 次。酒精含量低的黄酒、啤酒、葡萄酒、果酒等,可多饮一些,但也要适可而止。

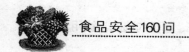

5. 哪些人不宜饮酒?

某些疾病患者不宜饮酒

胃病(慢性胃炎、胃溃疡)患者。尽量少喝或不喝,否则易引发胃穿孔。

肝病(酒精肝、肝硬化、黄疸肝等)患者。酒精伤肝,最好滴酒不沾。

心脑血管疾病(脑溢血、血脂稠、心肌梗死等)患者。酒能使血液流动加速,虽说有扩充血管的作用,但会造成更坏的结果,最好滴酒不沾。

呼吸道疾病(咽炎、哮喘病等)患者。不能饮酒,以免酒精刺激呼吸道,加重病情。

糖尿病患者也不能喝酒。由于乙醇可以抑制脂肪、蛋白质转变为葡萄糖,如果糖尿病人在服用磺脲类降糖药或注射胰岛素时饮酒,会加重磺脲类降糖药和胰岛素引起的低血糖反应,出现头晕,症状较重者可表现为面色苍白或潮红、出冷汗、心慌、恶心、走路蹒跚等。因此,糖尿病人在服用磺脲类降糖药或注射胰岛素时,还是不饮酒为宜。

孕妇不宜饮酒

孕妇饮酒,容易使胎儿患酒精中毒综合征,这种中毒胎儿的典型特征是:体重低,心脏及四肢畸形,智力低下等,即使少量饮酒,也会降低孩子的智商。

少儿不宜饮酒

少儿肝、肾等器官发育不成熟,很容易受到酒精的毒害,饮酒会影响身心健康发展。

6. 什么时候不宜饮酒?

看电视之前不宜饮酒

正常人连续看 4 小时电视,视力会暂时下降 30%,饮酒后看电视,会更加损害眼睛。

睡前不宜饮酒

睡前饮酒,危害不小。打鼾者可促使呼吸暂停,有死亡危险。可扰乱睡眠中的呼吸,使人在睡眠中发生短暂呼吸停顿。而这种短暂的呼吸停顿,如果在一夜之间超过 10 次,就会引起人体一系列的病理生理上的变化,常表现为血氧饱和度下降,出现窦性心律失常,交界性心律和室性早搏纤颤,还可引起血流动力学紊乱,发生肺动脉高压,甚至出现心力衰竭,导致死亡。睡前喝酒并不一定能起催眠作用,有人喝了酒,大脑兴奋,反而难以入眠。

愁闷时不宜饮酒

有的人喜欢喝闷酒,以酒消愁,这样会伤害身体。因为人的情绪低落时,肝脏病、高血压病、冠心病、哮喘病等许多疾病会诱发或加重,此时机体对酒精的解毒功能减弱,尤其在精神刺激过大,饮酒无度时,酒精大量吸入人体,等于雪上加霜,严重危害身体健康。

服西药时不宜饮酒

许多西药服用时需忌酒,饮酒后一般在 12 小时内不要服药,服药后 12 小时不要饮酒。否则会影响药物效果,或产生不良反应。有慢性病需长期服药者,以戒酒为好。

空腹时不宜饮酒

空腹时不宜饮酒,特别是不能饮用大量高浓度的白酒,否则可能引起急性酒精中毒。

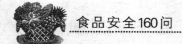

尤其要注意,开车前不能饮酒

2010 年,全国查处醉驾达 8.7 万起。因酒后驾驶机动车辆发生交通事故造成约 18 371 人死亡,76 230 人受伤。酒精在人体血液内达到一定浓度时,人对外界的反应能力及控制能力就会下降,尤其是处理紧急情况的能力下降。驾驶员血液中酒精含量越高,发生意外的机会越高。因此我们提倡"开车不喝酒,喝酒不开车"。

7. 喝酒不伤身的小窍门是什么?

我们现代的许多人饮酒常讲究干杯,似乎一杯杯的干才觉得痛快,才显得豪爽。其实这样饮酒是不科学的。正确的饮法应该是轻酌慢饮,不喝快酒。

饮酒后 5 分钟乙醇就可进入血液,30～120 分钟时血中乙醇浓度可达到顶峰。饮酒快则血中乙醇浓度升高也快,很快就会出现醉酒状态。若慢慢饮入,体内可有充分的时间把乙醇分解掉,乙醇的产生量就少,不易喝醉。

饮酒前以及饮酒时要多吃饭菜

唐孙思邈《千金食治》中提醒人们忌空腹饮酒。因为酒进入人体后,乙醇是靠肝脏分解的。肝脏在分解过程中又需要各种维生素来维持辅助,如果此时胃肠中空无食物,乙醇最易被迅速吸收,造成肌理失调、肝脏受损。因此,饮酒时应佐以营养价值比较高的菜肴、水果,这也是饮酒养生的一个窍门。

所以,在饮酒前要先吃些饭菜或少量主食,或者慢慢地边吃东西边喝酒,可以减轻酒精对胃的刺激,降低发生低血糖和酒精中毒的发生。最好的方法就是在喝酒之前,先行食用油质食物,如肥肉、蹄膀等,或饮用牛奶,利用食物中脂肪不易消化的特性来保护胃部,以防止酒精渗透胃壁。喝酒的时候应该多吃较丰富的菜肴,尤其是绿叶蔬菜,其中的抗氧化剂和维生素可保护肝脏。还可以吃一些豆制品,其中的卵磷脂有保护肝脏的作用。

不要和碳酸饮料一起喝

不要和碳酸饮料如可乐、汽水等一起喝,这类饮料中的成分能加快身体吸收酒精。

酒醉后最好不要喝浓茶

酒醉后最好不要喝浓茶,可以喝点淡茶。茶叶中的茶多酚有一定的保肝作用,但浓茶中的茶碱可使血管收缩,血压上升,反而会加剧头疼。如果有人身不由己喝得太多,可以事后吃一些水果,或者喝一些果汁,因为水果和果汁中的酸性成分可以中和酒精。很多人酒后往往不吃饭,这样危害更大,应吃一些容易消化的食物,比如面条就非常好。

饮酒后吃些甜点心和水果

饮酒后立即吃些甜点心和水果可以保持不醉状态。甜柿子之类的水果含有大量的果糖,可以使乙醇氧化,使乙醇加快分解代谢掉,甜点心也有大体相仿的效果。

喝牛奶(加糖或加蜂蜜)

预防酒醉性胃炎和脱水症,可饮加砂糖或蜂蜜的牛奶,既可促进乙醇分解,又能保护胃黏膜。由于脱水会使盐分丢失,可适量饮些淡盐水或补液盐。

8. 如何选购白酒?

白酒是以粮谷为主要原料,以大曲、小曲或麸曲及酒母等为糖化发酵剂,经蒸煮、糖化、发酵、蒸馏而制成的蒸馏酒。酒质呈无色(或微黄)透明,气味闻起来芳香纯正,入口绵甜爽净,酒精含量较高,经贮存老熟后,香味浓郁。

如何鉴别白酒的品质

主要是通过观、嗅、尝等方法,对白酒的色、香、味进行分析判断。

色:白酒以无色透明,无悬浮物、浑浊物和沉淀现象的为好。

香:不同香型的白酒,应有本酒特有的酒香。如有的酱香浓郁,有的醇香如兰,有的芳馥沁心。此类白酒开瓶诱人。

味:有的绵甜甘烈,有的柔和净爽,有的喷香醇厚,无强烈刺激性。此类白酒质量较好。

市场上有时会有瓶装的假酒出售,选购时要注意看清商标、包装等。名酒的包装一般都比较精致,只要仔细观察,就会发现假酒的破绽。

白酒的选购

第一是看标签。在选购时应仔细查看白酒标签中是否标有必须标注的内容,如生产日期、保质期、生产厂商等一些重要信息。正规的酒类产品的标签,所用纸的质量大都精良挺括、图案分明、文字清晰、色泽鲜明、干净整洁。而那些纸张粗糙、色泽陈旧、图案模糊的酒类产品,往往是一些小厂、小作坊生产出来的,质量难以保证。

第二是看酒瓶。优质酒瓶,表面光洁度好,玻璃质地均匀,瓶盖多为铝质扭断式防盗盖或塑盖塑胶套,印有厂名或酒名的酒标带有封盖的作用,一经开盖就会断裂,预防有人利用原包装假冒。

第三是看内在质量。正常白酒酒液应清澈透明、无杂质,若是发现酒液中有悬浮物,可将酒瓶拿在手里慢慢倒置过来,对着光观察瓶的底部,若是底部有沉淀物或云雾状的悬浮物,则说明酒中的杂质较多。将酒瓶倒置,优质白酒其酒花分布均匀,上浮的密度间隙明显,且缓慢消失,酒液清澈;而劣质白酒酒花密集上浮,而且立即消失,且分布明显不均匀,酒液浑浊。

打开酒瓶后,可倒少量白酒于掌心,摩擦,再闻其味道,优质白酒具有本品所特有的明显香气;而劣质白酒气味不纯,香气较淡。

9. 如何安全饮用白酒?

白酒宜烫热了喝。喝热酒的好处主要有两点:

第一,可以减少酒中的有害物质,因为酒中除了含有乙醇外,还有甲醇、乙醛等有害物质。甲醇是一种有毒液体,人体摄入 10 毫升时,便会导致双目失明。乙醛摄入过多时,会引起头晕。乙醛的沸点为 21℃,甲醇的沸点为 64℃,当白酒烫热后,这两种有害物质会挥发,减少对人体的危害。

第二,冬天饮热酒,人们感到舒适。但是,烫酒时要掌握好温度,一般不宜超过 65℃,否则酒的香味会散失掉。如饮用优质名酒,可以不必烫饮,其一可保持香型,其二名酒有害成分较少。如需加热,不宜超过 30℃。

10. 如何选购黄酒?

黄酒是中国的民族特产,以谷物(大米、黍米等)为原料,利用酒药、麦曲或米曲所合的多种微生物的共生作用酿制而成,属于低度酿造酒。黄酒也是世界上最古老的饮料酒之一。

它是一种以稻米为原料酿制成的粮食酒,一般酒精含量为 14%～20%。在最新的国家标准中,黄酒的定义是:以稻米、黍米、黑米、玉米、小麦等为原料,经过蒸料,拌以麦曲、米曲或酒药,进行糖化和发酵酿制而成的各类黄酒。

黄酒的选购

质量好的黄酒,味道甘醇,清凉爽口,且含有丰富的营养,能促进人体健康,而变质的黄酒,会对人体造成危害。所以要认真鉴别,尤其在高温季节,黄酒较易发生变质,购时更应严格挑选。

正常的黄酒应清澈透明,光泽明亮,无浑浊、无沉淀、无变色现象及明显的杂质存在。但是黄酒的颜色会因品种而各不相同,有黄色、褐色甚至黑色,因此,消费者在选购时不能盲目只认定黄色才是真品。

黄酒的香气也会因品种的不同而存在一定的差异。但正常的黄酒大多应有柔和、愉悦的香气,不应存在一些如石灰气、老熟气或是包装容器、管道清洗不干净而带有的其他异味。

黄酒的口味应是酸、甜、苦、涩、辣五位调和,其中酸是黄酒重要口感之一。正常的黄酒其酸味要柔和、爽口;黄酒中的甜味主要是来自糖类,其甜度要适中;黄酒中的苦涩味主要来自某些氨基酸、肽和胺类物质等,轻微的苦味会给酒以刚劲、爽口的感觉,过量则会破坏酒味的协调;另外,黄酒中的辣味主要是酒精和高级醇等形成的,一般酒精含量高,则辣味明显,而随着黄酒贮藏时间的延长,其辣味会减少,进而酒味变得香浓醇正。

11. 如何安全饮用黄酒?

黄酒饮法有多种多样,冬天宜热饮,放在热水中烫热或隔火加热后饮用,会使黄酒变得温和柔顺,更能享受到黄酒的醇香,驱寒暖身的效果也更佳;夏天在甜黄酒中加冰块或冰冻苏打水,不仅可以降低酒精度,而且清凉爽口。

但是黄酒烫热了再喝最好。因为黄酒中含有微量的甲醇、醚、醛等有机物,这些有机物对人体有一定危害。若将黄酒加热,这些微量的有机物会挥发,黄酒中所含的脂类芳香物,也会随着温度的升高而蒸腾,酒味更加甘爽、醇厚。

12. 如何选购啤酒?

啤酒以大麦芽、酒花、水为主要原料,经酵母发酵作用酿制而成的饱含二氧化碳的低酒精度酒。现在国际上的啤酒大部分均添加辅助原料。有的国家规定辅助原料的用量总计不超过麦芽用量的 50%。在德国,除出口啤酒外,德国国内销售啤酒一概不使用辅助原料。

啤酒的选购

啤酒的品种很多,鉴别啤酒的质量主要是通过观颜色、看泡沫、闻香气、尝味道等方面进行分析和判断。只要注意这几个方面,就会把握好其质量。

观颜色。国内生产的啤酒,多为淡黄色。优质啤酒,清澈透明,呈金黄色。如果酒色浑浊,透明度差,黏性大,甚至有晃浮物,质量则次,说明该啤酒保存不当而导致漏气氧化或者是已经为过期产品。

看泡沫。啤酒泡沫是啤酒区别于其他任何酒类和清凉饮料的特殊标志。优质啤酒,将瓶盖启开,能听到爆破音,接着瓶口有泡沫升起,刚刚溢出瓶口为最好。将啤酒缓慢倒入杯中,若是泡沫立刻冒起,且呈现洁白色,观之均匀、细腻,能保持 4 分钟以上并有"挂杯"现象(指泡沫散落后,杯壁仍挂有泡沫),则说明是优质啤酒;若是出现泡沫消失迅速,色泽微黄、粗大,且无"挂杯"现象,则说明该啤酒可能存在质量问题。

闻香气。优质啤酒倒出可闻到麦芽的芳香以及啤酒花的幽香;而劣质啤酒其香气较单薄,甚至会有腥味或其他不良气味。

尝味道。优质啤酒,入口感觉酒味纯正清爽,苦味柔和,回味醇厚,有愉快的芳香,并具"杀口力"感。"杀口力"是评酒的行话,指酒中的碳酸气对口腔有浓重而愉快的刺激感。若是啤酒中有老熟味、酵母味或者苦涩味,质量则不好。

13. 如何安全饮用啤酒?

餐前不宜过量饮用冰镇啤酒。冰镇啤酒的温度一般要比人体内的温度低 20℃～30℃。餐前过量饮用冰镇啤酒,可导致食欲下降,引发经常性腹痛和腹泻等症状。

掌握好啤酒的温度。啤酒的温度宜控制在 10℃～20℃。酒温过高,其味变得苦涩,酒温过低,尤其是刚从冰箱内取出的啤酒,淡泊乏味。为了掌握好酒的温度,夏天,从冰箱取出啤酒后停置一段时间,待温度升至 10℃以上再喝。

哪些人不宜饮啤酒

消化道疾病患者,比如患有胃炎、胃溃疡、结肠炎的病人;肝脏病患者,有急慢性肝病的人;心脑血管疾病患者和孕妇也不宜喝啤酒;老年人、体弱者和一些虚寒病人也不宜饮用啤酒。

14. 如何选购葡萄酒?

常见的葡萄酒按成品颜色来分,可分为红葡萄酒、桃红葡萄酒和白葡萄酒三类。按含糖量可分为干白葡萄酒、半干白葡萄酒、半甜白葡萄酒、甜白葡萄酒;红葡萄酒又可细分为干红葡萄酒、半干红葡萄酒、半甜红葡萄酒和甜红葡萄酒。

怎样辨别假冒的进口葡萄酒

辨别假冒的进口葡萄酒有以下几种方法:

一是看包装。原装葡萄酒进口时一般都是以简易的木箱或纸箱整箱包装的。国内市场上有的进口葡萄酒用精美的礼盒、纸盒、木盒包装，其实都是国内销售商定做的。

原装进口葡萄酒的玻璃瓶底或瓶身下侧有凸出的数字，表明容量和酒瓶直径，如"75cl、70mm"等，还有其他英文字母等。cl 是容量单位，表示厘升。原装进口葡萄酒在酒标上标的容量一般是cl，但也有标的是 ml 即毫升。

二是看标签。正规进口葡萄酒在酒瓶正面贴有进口国文字的正标，同时在背面必须贴中文背标，必须用中文标明葡萄酒品名、原产国、生产厂家、生产（灌装）日期、进口商等内容。如果没有正规的中文背标，或者酒标中有明显的拼写错误或上下文矛盾的，那一定是不明渠道进来的。

原装进口葡萄酒的生产日期标注法很特别。如法国红酒一般的标法为：L7296A06 11：58。L7 代表 2007 年，296 代表法国时间从元旦开始的第 296 天灌装，A06 代表生产线编号，11：58 是那天精确的灌装时间。

三是看报关单据。任何一款原瓶进口酒，每瓶都要有《中华人民共和国海关进口货物报关单》和中华人民共和国出入境检验检疫局提供的卫生证书。

四是品口感。从口感上面来说，真正原装进口的葡萄酒，略带些葡萄带来的水果香气与橡木桶陈酿的味道，而国内劣质的葡萄酒会出现刺鼻的香料味道与浓郁的酒精味。

十四、保健食品的选购与食用

保健食品也是食品的一个种类,在具有一般食品的共性的同时,其还具有一些特殊功效,能调节人体的功能,主要适用于特定人群食用,但不以治疗疾病为目的。

面对着市场上五花八门的保健食品,消费者需要根据自身情况有的放矢地进行选择,切忌盲目地追随广告或他人宣传,滥用保健食品。

1. 保健食品和药品有什么区别?

保健食品是具有特定保健功能的食品,不以治疗疾病为目的,能调节人体的功能,适宜于特定人群食用。对于生理机能正常只想保持自身健康或者预防疾病的消费者来说,借助保健食品调节人体某种生理机能,可以强化人体的免疫系统。

保健食品与药品则有十分严格的区别。

保健食品的基本属性是食品,而食品不同于药品的主要区别是药品以治疗为目的，因此药品中会含有部分毒素或对人体产生副作用（在规定的范围内）。而保健食品是起预防作用或辅助食疗作用，更注重安全性，保健品中所添加的任何成分都要求是无毒的。要记住，保健品具有调节人体机能的作用，但是没有医治功能。因此，不可将保健品当做药品出售或是食用。真正患病时，还是需要药物或其他医疗手段来进行治疗。

注意事项

保健品原料多种多样，现常用中草药作为保健产品的原材料，一些中草药对相应的特殊人群具有一定的益处。另外，在保健品中还会根据不同特殊人群的需要而加入一些特殊营养物质，如加钙、加锌等元素。因此，消费者在购买时应根据自身的需要而选择合适的产品。

消费者在选购保健品时应正确对待广告的宣传，卫生部曾规定，同一配方的保健食品的功能不能超过两种。因此消费者千万不可盲目听信广告的夸大宣传和虚假宣传，更不要轻信一些所谓专家"讲座"的忽悠。消费者应谨慎判断，也可咨询专业医师，最终选择出符合自身需求的保健品。

2. 选购保健品应注意哪些问题？

随着人们保健意识的增强，保健食品越来越受到人们的关注与青睐。一些广告商趁机加大各种保健品的宣传，在面对形形色色的保健产品时，怎样正确选购保健产品已成为消费者当下最为关心的问题。

第一，认清产品包装上的批准文号和标志。

国家正式批准的保健食品都要有卫生部（或国家食品药品监督管理局）的批准文号："卫食健字"和"卫食健进字"（2003 年前），

保健食品
国食健字 G20110313
国家食品药品监督管理局批准

或"国食健字 G"和"国食健字 J"（2003 年后），分别对应国产产品和进口产品。同时，所有批准的保健食品都有"保健食品"标志。保健食品的标志为天蓝色专用标志（俗称"小蓝帽"），与批准文号上下排列或并列。

第二，仔细查看产品包装及说明书。保健食品标签和说明书必须符合国家有关标准和要求，并标明下列内容：

①保健作用和适宜人群；

②食用方法和适宜的食用量；

③贮藏方法；

④功效成分的名称及含量。因在现有技术条件下，不能明确功效成分的，则须标明与保健功能有关的原料名称；

⑤保健食品批准文号；

⑥保健食品标志；

⑦有关标准或要求所规定的其他标签内容。

保健食品的说明书是经过评审部门审批的，企业不得随意修改。

第三，注意产品质量和生产日期。购买保健食品时，务必要注意产品的生产日期和有效期，如产品质量有问题，产品发霉、变质，切不可食用。

为了降低买到假冒或掺假产品的几率和保护自己，建议购买者一定要到信得过的药店、商场、超市或保健品专卖店购买，同时切记保留购物发票，千万不要贪图便宜而到街头摊贩处购买。

3. 什么是良好的保健品消费心态?

现在，食用保健食品的消费者不断增多，但是大多数的消费者在保健品消费方面均存在一定的误区，导致消费者花费甚多但没有保健效果，严重的甚至会对消费者的健康带来一定的危害。因此，保持良好的保健品消费心态是十分必要的。

第一，要明确保健品并不是药品，其不具有药物所具有的医疗功能，保健品只能起到调节生理的相关功能。但是，保健品不可以代替药品，因为一种新药品面市之前必须要有经过大量的临床试验，并通过国家药品食品监督管理局审查批准。而保健品因其没有规定治疗的作用，不需要经过临床验证，仅细菌、污染物等卫生指标检验合格后便可对外销售。

第二，无论是哪种类型的保健食品，均出自保健目的。且其效果不会立竿见影，不能迅速见效，但对一些标有"速效功能"的保健食品，一定要谨慎，严防上当。

第三，保健品有一定的适用人群，并非普遍适用于任何人，这也是保健食品与一般食品的主要区别。另外，保健品相对于普通食品而言，其中含有一定的生理活性物质，能调节人体的机能，具有特定的功能。因此，在选购保健品时要注意其适用范围。

第四，切不可以价格的高低来衡量保健品质量与功效的好坏。

因不同保健品功效的不同,所用原材料自然也各不相同,因此在价格上存在一定差异是正常的。不要一味的迷信"最贵的就是最好的"的片面理念,否则就等于"烧钱",对身体无补。

主要参考文献

国家食品药品监督管理局等．食品安全知识读本．中国医药科技出版社，2006．

沈立荣．关注身边的食品安全．中国轻工业出版社，2007．

项阳青．生活中不可不知的食品安全知识．青岛出版社，2009．

周家华．食品添加剂安全使用指南．化学工业出版社，2011．

刘静波，等．食品安全与选购．化学工业出版社，2006．

宋朝武．民事诉讼法学．厦门大学出版社，2011．

凌文华．食品安全知识读本．广东教育出版社，2011．

熊敏．餐饮业食品安全控制．化学工业出版社，2012．

马志英．什么可以吃：安全食品选购攻略．上海科学技术出版社，2012．

钱和，陈效贵．百姓食品安全指导．中国轻工业出版社，2012．

首届全国食品安全知识大赛组委会．食品安全知识手册．中国轻工业出版社，2007．

国家食品药品监督管理局，浙江省食品药品监督管理局．食品安全知识读本（社区版）．中国医药科技出版社，2007．